大学生结构设计竞赛八讲

主　编　刘德稳

副主编　赵　煊　赵　林　郭中莉

参　编　张庆文　廖文远　戴必辉　姚学群

西南交通大学出版社

·成　都·

图书在版编目（C I P）数据

大学生结构设计竞赛八讲 / 刘德稳主编. —成都：
西南交通大学出版社，2018.4
ISBN 978-7-5643-6126-6

Ⅰ. ①大… Ⅱ. ①刘… Ⅲ. ①建筑结构 – 结构设计
Ⅳ. ①TU318

中国版本图书馆 CIP 数据核字（2018）第 066846 号

大学生结构设计竞赛八讲

主　　编 / 刘德稳

责任编辑 / 张　波
助理编辑 / 何明飞
封面设计 / 何东琳设计工作室

西南交通大学出版社出版发行
（四川省成都市二环路北一段 111 号西南交通大学创新大厦 21 楼　610031）
发行部电话：028-87600564　028-87600533
网址：http://www.xnjdcbs.com
印刷：四川森林印务有限责任公司

成品尺寸　185 mm × 260 mm
印张　8.75　　字数　219 千
版次　2018 年 4 月第 1 版　　印次　2018 年 4 月第 1 次

书号　ISBN 978-7-5643-6126-6
定价　36.00 元

课件咨询电话：028-87600533

前　言

全国大学生结构设计竞赛自创办以来已有十几年，尚未有一本较为系统的竞赛指导书。本书根据作者多年带赛经验，在历年内部讲义的基础上深入整理编写而成。

全书分八讲，分别为概述、材料、结构思想、结构类型、竞赛分项解析、竞赛真题分析、历届竞赛成绩统计分析、国内外竞赛介绍。本书图文并茂、实用性强，旨在帮助参赛团队系统备赛，快速提高竞赛水平，短期内对结构从感性认识到理性认识，有效促进从省赛到国赛进阶。本书可作为土木工程本、专科生参赛指导书，适合自学或集训，也可供相关专业教师参考。

本书由刘德稳（西南林业大学）担任主编，赵煊（英国 Glasgow Caledonian University）、赵林（中建四局集团城市轨道交通工程分公司）、郭中莉（昆明安宁市教育局）担任副主编，张庆文（西南林业大学）、廖文远（西南林业大学）、戴必辉（西南林业大学）、姚学群（昆明学院）参编。其中赵煊博士在国外竞赛介绍部分进行了十分有益的工作。本书是作者在清华大学土木工程系做访问学者期间完成，成书过程中得到了陆新征教授的帮助。作者的导师周福霖院士也给予了有益的指点。在资料收集中有幸得到了浙江大学丁元新、毛一平、金伟良，清华大学冯鹏，长安大学王步，武汉大学刘光明，广州大学周云、谭平、王宏伟，华南理工大学陈庆军，昆明理工大学陶忠、费维水、黄呈伟，云南大学冉志红、屈俊童、秦云、解志勇，云南农业大学饶碧玉、黄海燕，云南民族大学王嘉梅，云南师范大学王晶，昆明学院魏屏，云南大学滇池学院孙俊，昆明理工大学城市学院陈金祥，昆明理工大学津桥学院魏明，云南工商学院王胜兰，唐山学院张瑶，南京工业大学徐秀丽，北京奇太振控有限公司陈永祁等领导和同志的帮助，在此一并表示感谢。同时感谢历届全国竞赛参赛队员奉上的优秀作品。研究生徐国梁、杨洪、王晨星、蒋蜀江，本科生甘利涛、熊蓉、余彩霞、刘子琪、王明强、张世凯、李航、孔垂昌、罗春文、金昱成、张瀚文在资料整理等方面做了大量工作。

本书由西南林业大学教育科学研究重点课题基金（ZD201702）资助。由于全国竞赛数据每年更新，作者将在本书基础上按时更新以保持跟进。

由于水平有限，不正之处恳请各位读者不吝指正！交流邮箱 civil_liudewen@sina.com。

编　者

2018 年春，春城昆明

目 录

第1讲 概 述

微信扫二维码
看本讲彩图

1.1 全国大学生结构设计竞赛简介

全国大学生结构设计竞赛是2005年由浙江大学倡导，国内11所高校（浙江大学、清华大学、同济大学、东南大学、哈尔滨工业大学、大连理工大学、天津大学、重庆大学、长安大学、湖南大学、华南理工大学）共同发起，经教育部和财政部批准的全国性学科竞赛项目。竞赛由中国高等教育学会工程教育专业委员会、高等学校土木工程学科专业指导委员会、中国土木工程学会教育工作委员会和教育部科学技术委员会环境与土木水利学部共同主办，各高校轮流承办，社会企业资助协办。自2005年举办第一届比赛以来，除2006、2007年停办之外，每年举行一次，一般在每年10月—11月举行。该竞赛已成为土木工程类高校每年的一件盛事，如2017年共有506所高校的1 182支参赛队参加分区赛，参赛师生高达6 000人次，最后107所高校的108支队伍参加了全国总决赛。

2005—2016年全国结构设计竞赛参赛队伍以通过全国高等学校土木工程专业教育评估的学校为主，各省选拔或推荐的高校为辅。2017年起实行分区赛与全国总决赛两个阶段，全国总决赛一般由以下高校参赛：

（1）全国竞赛发起高校及承办过全国竞赛的高校；

（2）当年承办各省（自治区、直辖市）分区赛的高校；

（3）各省（自治区、直辖市）分区赛选拔推荐的高校，具体推荐原则见本讲附1；

（4）特邀的其他高校。

各省（自治区、直辖市）分区赛在每年上半年举行，各分区赛成绩上报全国竞赛秘书处后，由全国竞赛秘书处根据各分区赛参赛高校总数和推荐原则确定推荐名额。参赛高校总数一般控制在100～120所，承办全国总决赛的高校可有2个队参赛。每个参赛队由3名全日制在校本科或专科生、1～2名指导教师（3人以上署指导组）和1名领队组成。竞赛设等级奖、单项奖、优秀组织奖和突出贡献奖四大类奖项。等级奖中设特等奖（可空缺）、一等奖、二等奖和三等奖，比例控制在60%左右（一般一、二、三等奖分别占10%、20%、30%）；单项奖中设立最佳创意奖和最佳制作奖各1项；优秀组织奖比例控制在20%左右；突出贡献奖设若干名（可空缺）。全国总决赛题目一般由承办高校提前1年组织命题，竞赛题目每年3月由秘书处通过全国竞赛官网公布。全国总决赛申办高校须提前2年向全国竞赛秘书处提交申办报告，最终由竞赛秘书处和专家委员会共同确定后两届的承办高校。

历届全国大学生结构设计竞赛信息如表1-1，已通过土木工程专业评估的高校名单见表1-2，全国土建类高校地区分布见表1-3。历届全国大学生结构设计竞赛统计见图1-1，由图知，2017年首次实行分区赛后，未通过专业评估的高校有了更多的参赛机会。历届全国竞赛赞助单位见本讲附 2。

表 1-1 历届全国大学生结构设计竞赛信息（截至 2018.3）

时间	届次	地点	参赛队伍数量			
			总数	已通过评估	未通过评估	其他
2005.6	一	浙江大学	51	51	0	0
2008.11	二	大连理工大学	47	46	0	1
2009.11	三	同济大学	59	53	5	1
2010.11	四	哈尔滨工业大学	71	57	12	2
2011.10	五	东南大学	74	59	11	4
2012.10	六	重庆大学	86	67	18	1
2013.11	七	湖南大学	96	71	23	2
2014.9	八	长安大学	102	79	23	0
2015.10	九	昆明理工大学	110	86	23	1
2016.10	十	天津大学	125	91	33	1
2017.10	十一	武汉大学	108	53	54	1
2018.11	十二	华南理工大学				

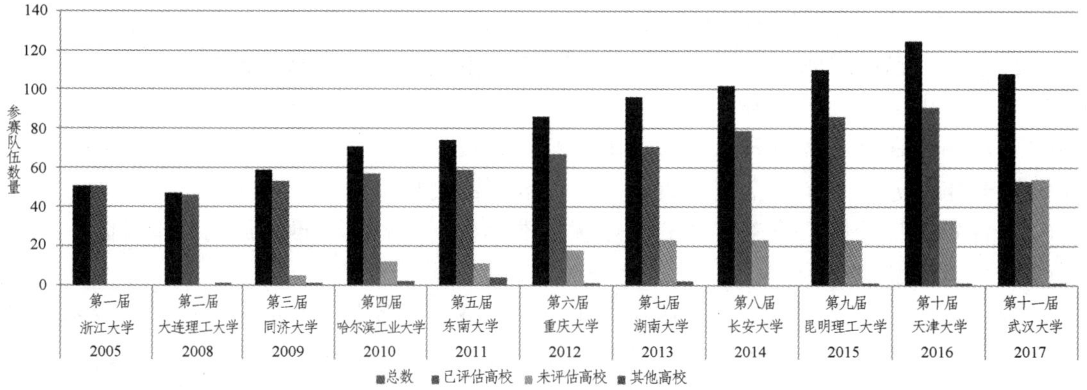

图 1-1 历届全国大学生结构设计竞赛统计图

表 1-2 土木工程本科专业评估通过高校名单

通过年份	通过专业评估高校名单
1995	清华大学、天津大学、东南大学、同济大学、浙江大学、华南理工大学、重庆大学、哈尔滨工业大学、湖南大学、西安建筑科技大学
1997	西南交通大学、沈阳建筑大学、郑州大学、合肥工业大学、武汉理工大学、华中科技大学、中南大学、华侨大学
1999	北京交通大学、大连理工大学、上海交通大学、河海大学、武汉大学、兰州理工大学、三峡大学

续表

通过年份	通过专业评估高校名单
2001	石家庄铁道大学、南京工业大学
2002	北京工业大学、兰州交通大学
2003	山东建筑大学、河北工业大学、福州大学
2005	广州大学、中国矿业大学、苏州科技大学
2006	北京建筑大学、内蒙古科技大学、长安大学、广西大学、吉林建筑大学
2007	昆明理工大学、西安交通大学、华北水利水电大学、四川大学、安徽建筑大学
2008	浙江工业大学、解放军理工大学、西安理工大学
2009	长沙理工大学、天津城建大学、河北建筑工程学院、青岛理工大学
2010	南昌大学、重庆交通大学、西安科技大学、东北林业大学
2011	山东大学、太原理工大学
2012	内蒙古工业大学、西南科技大学、安徽理工大学、盐城工学院、桂林理工大学、燕山大学、暨南大学、浙江科技学院
2013	湖北工业大学、宁波大学、长春工程学院、南京林业大学
2014	新疆大学、长江大学、烟台大学、汕头大学、厦门大学、成都理工大学、中南林业科技大学、福建工程学院
2015	南京航空航天大学、广东工业大学、河南工业大学、黑龙江工程学院、南京理工大学、宁波工程学院、华东交通大学
2016	山东科技大学、北京科技大学、扬州大学、厦门理工学院、江苏大学
2017	安徽工业大学、广西科技大学
总计	92所

按通过时间排序，截至2018年3月。

表1-3 全国土建类高校地区分布

序号	地 区	土建类高校名单
1	江苏省（共48所）	通过评估12所：东南大学、河海大学、南京工业大学、中国矿业大学、苏州科技大学、解放军理工大学、盐城工学院、南京林业大学、南京航空航天大学、南京理工大学、扬州大学、江苏大学
		其他36所：江苏科技大学、常州大学、江南大学、南通大学、淮海工学院、常州工学院、淮阴工学院、三江学院、南京工程学院、徐州工程学院、南通理工学院、东南大学成贤学院、无锡太湖学院、金陵科技学院、中国矿业大学徐海学院、南京大学金陵学院、南京理工大学紫金学院、南京航空航天大学金城学院、南京理工大学泰州科技学院、南京工业大学浦江学院、南京信息工程大学滨江学院、苏州科技学院天平学院、江苏大学京江学院、扬州大学广陵学院、江苏科技大学苏州理工学院、常州大学怀德学院、南通大学杏林学院、常州工学院延陵学院、淮海工学院东港学院、淮阴工学院江淮学院、金陵科技学院龙蟠学院、南京工程学院康尼学院、盐城工学院博雅学院、南京林业大学南方学院、宿迁学院、西交利物浦大学

续表

序号	地　区	土建类高校名单
2	湖北省 （共32所）	通过评估6所：武汉理工大学、华中科技大学、武汉大学、三峡大学、湖北工业大学、长江大学
		其他26所：武汉科技大学、武汉工程大学、中国地质大学（武汉）、武汉轻工大学、黄冈师范学院、湖北文理学院、湖北工程学院、湖北理工学院、武昌首义学院、武昌理工学院、武汉生物工程学院、武汉科技大学城市学院、三峡大学科技学院、江汉大学文学院、湖北工业大学工程技术学院、武汉工程大学邮电与信息工程学院、武昌工学院、长江大学工程技术学院、湖北商贸学院、湖北师范学院文理学院、湖北文理学院理工学院、湖北工程学院新技术学院、文华学院、武汉工程科技学院、武汉理工大学华夏学院、湖北第二师范学院
3	山东省 （共32所）	通过评估5所：山东建筑大学、青岛理工大学、山东大学、烟台大学、山东科技大学
		其他27所：中国海洋大学、中国石油大学（华东）、济南大学、山东理工大学、山东农业大学、青岛农业大学、聊城大学、滨州学院、鲁东大学、临沂大学、泰山学院、菏泽学院、青岛滨海学院、枣庄学院、潍坊学院、山东交通学院、潍坊科技学院、山东英才学院、青岛黄海学院、山东协和学院、青岛理工大学琴岛学院、山东科技大学泰山科技学院、青岛工学院、青岛农业大学海都学院、齐鲁理工学院、济南大学泉城学院、哈尔滨工业大学（威海校区）
4	浙江省 （共27所）	通过评估5所：浙江大学、浙江工业大学、浙江科技学院、宁波工程学院、宁波大学
		其他22所：浙江理工大学、浙江海洋学院、浙江农林大学、绍兴文理学院、台州学院、温州大学、丽水学院、嘉兴学院、浙江水利水电学院、衢州学院、浙江树人学院、浙江大学城市学院、浙江大学宁波理工学院、宁波大学科学技术学院、浙江理工大学科技与艺术学院、浙江海洋学院东海科学技术学院、浙江农林大学暨阳学院、绍兴文理学院元培学院、温州大学瓯江学院、嘉兴学院南湖学院、同济大学浙江学院、宁波诺丁汉大学
5	陕西省 （共26所）	通过评估5所：西安建筑科技大学、长安大学、西安交通大学、西安理工大学、西安科技大学
		其他21所：西藏民族大学、西北工业大学、西安工业大学、西安石油大学、西安工程大学、西北农林科技大学、延安大学、陕西理工学院、榆林学院、商洛学院、西安培华学院、西安欧亚学院、西京学院、西安思源学院、西安交通大学城市学院、西安建筑科技大学华清学院、西安工业大学北方信息工程学院、延安大学西安创新学院、长安大学兴华学院、西安理工大学高科学院、西安科技大学高新学院
6	广东省 （共23所）	通过评估5所：华南理工大学、广州大学、暨南大学、汕头大学、广东工业大学
		其他18所：中山大学、华南农业大学、韶关学院、惠州学院、嘉应学院、深圳大学、广东白云学院、仲恺农业工程学院、五邑大学、广东石油化工学院、东莞理工学院、佛山科学技术学院、华南理工大学广州学院、广东海洋大学寸金学院、广东技术师范学院天河学院、广东工业大学华立学院、北京理工大学珠海学院、东莞理工学院城市学院

续表

序号	地　区	土建类高校名单
7	福建省（共21所）	通过评估5所：华侨大学、福州大学、厦门大学、福建工程学院、厦门理工学院
		其他16所：福建农林大学、集美大学、武夷学院、三明学院、龙岩学院、莆田学院、闽南理工学院、厦门工学院、阳光学院、厦门大学嘉庚学院、福州大学至诚学院、福州外语外贸学院、福建江夏学院、泉州信息工程学院、福州理工学院、福建农林大学金山学院
8	北京市（共13所）	通过评估5所：清华大学、北京交通大学、北京工业大学、北京建筑大学、北京科技大学
		其他8所：北京航空航天大学、北方工业大学、中国农业大学、北京林业大学、中国矿业大学（北京）、中国地质大学（北京）、北京联合大学、北京城市学院
9	湖南省（共29所）	通过评估4所：湖南大学、中南大学、长沙理工大学、中南林业科技大学
		其他25所：湘潭大学、吉首大学、湖南科技大学、湖南农业大学、湖南理工学院、邵阳学院、湖南文理学院、湖南科技学院、南华大学、长沙学院、湖南工程学院、湖南城市学院、湖南工学院、湖南工业大学、湘潭大学兴湘学院、湖南工业大学科技学院、湖南科技大学潇湘学院、南华大学船山学院、湖南农业大学东方科技学院、中南林业科技大学涉外学院、湖南文理学院芙蓉学院、湖南理工学院南湖学院、湖南工程学院应用技术学院、吉首大学张家界学院、长沙理工大学城南学院
10	四川省（共19所）	通过评估4所：西南交通大学、四川大学、西南科技大学、成都理工大学
		其他15所：西南石油大学、四川理工学院、西华大学、四川农业大学、西昌学院、内江师范学院、四川文理学院、成都大学、攀枝花学院、成都理工大学工程技术学院、四川工业科技学院、四川大学锦城学院、四川大学锦江学院、西南科技大学城市学院、西南交通大学希望学院
11	河南省（共31所）	通过评估3所：郑州大学、华北水利水电大学、河南工业大学
		其他28所：河南理工大学、河南科技大学、中原工学院、河南大学、信阳师范学院、安阳师范学院、许昌学院、南阳师范学院、商丘师范学院、郑州航空工业管理学院、黄淮学院、洛阳理工学院、新乡学院、安阳工学院、河南工程学院、南阳理工学院、河南城建学院、黄河科技学院、郑州科技学院、郑州工业应用技术学院、商丘工学院、河南大学民生学院、河南师范大学新联学院、信阳师范学院华锐学院、河南理工大学万方科技学院、中原工学院信息商务学院、商丘学院、郑州升达经贸管理学院
12	河北省（共29所）	通过评估3所：石家庄铁道大学、河北建筑工程学院、燕山大学
		其他26所：河北大学、河北工程大学、石家庄经济学院、华北理工大学、河北科技大学、河北农业大学、廊坊师范学院、河北科技师范学院、唐山学院、华北科技学院、北华航天工业学院、防灾科技学院、河北工程技术学院、河北科技学院、河北大学工商学院、华北理工大学轻工学院、河北科技大学理工学院、华北电力大学科技学院、河北工程大学科信学院、河北工业大学城市学院、燕山大学里仁学院、石家庄铁道大学四方学院、河北农业大学现代科技学院、中国地质大学长城学院、燕京理工学院、北京交通大学海滨学院

续表

序号	地　区	土建类高校名单
13	黑龙江省 （共 21 所）	通过评估 3 所：哈尔滨工业大学、东北林业大学、黑龙江工程学院
		其他 18 所：黑龙江大学、哈尔滨理工大学、哈尔滨工程大学、黑龙江科技大学、东北石油大学、佳木斯大学、黑龙江八一农垦大学、东北农业大学、齐齐哈尔大学、哈尔滨学院、哈尔滨商业大学、黑龙江工业学院、黑龙江东方学院、齐齐哈尔工程学院、哈尔滨石油学院、黑龙江工商学院、哈尔滨远东理工学院、哈尔滨华德学院
14	安徽省 （共 19 所）	通过评估 4 所：合肥工业大学、安徽建筑大学、安徽理工大学、安徽工业大学
		其他 15 所：安徽工程大学、安徽农业大学、黄山学院、皖西学院、滁州学院、宿州学院、铜陵学院、合肥学院、蚌埠学院、安徽新华学院、安徽文达信息工程学院、安徽工程大学机电学院、安徽工业大学工商学院、安徽建筑大学城市建设学院、河海大学文天学院
15	天津市 （共 6 所）	通过评估 3 所：天津大学、天津城建大学、河北工业大学
		其他 3 所：中国民航大学、北京科技大学天津学院、天津大学仁爱学院
16	江西省 （共 24 所）	通过评估 2 所：南昌大学、华东交通大学
		其他 22 所：东华理工大学、南昌航空大学、江西理工大学、江西农业大学、宜春学院、井冈山大学、江西科技学院、江西科技师范大学、南昌工程学院、新余学院、九江学院、江西工程学院、南昌理工学院、江西应用科技学院、南昌工学院、南昌大学科学技术学院、南昌大学共青学院、华东交通大学理工学院、东华理工大学长江学院、南昌航空大学科技学院、江西理工大学应用科学学院、江西科技师范大学理工学院
17	辽宁省 （共 21 所）	通过评估 2 所：沈阳建筑大学、大连理工大学
		其他 19 所：沈阳工业大学、东北大学、辽宁科技大学、辽宁工程技术大学、辽宁石油化工大学、大连交通大学、大连海事大学、辽宁工业大学、沈阳农业大学、大连海洋大学、沈阳大学、大连大学、辽宁科技学院、辽东学院、大连民族大学、大连理工大学城市学院、沈阳城市建设学院、沈阳城市学院、辽宁石油化工大学顺华能源学院
18	甘肃省 （共 12 所）	通过评估 2 所：兰州理工大学、兰州交通大学
		其他 10 所：兰州大学、甘肃农业大学、陇东学院、天水师范学院、河西学院、西北民族大学、兰州工业学院、兰州财经大学陇桥学院、兰州交通大学博文学院、兰州理工大学技术工程学院
19	吉林省 （共 12 所）	通过评估 2 所：吉林建筑大学、长春工程学院
		其他 10 所：延边大学、东北电力大学、北华大学、白城师范学院、吉林农业科技学院、吉林建筑大学城建学院、长春建筑学院、长春科技学院、长春大学旅游学院、吉林大学
20	内蒙古自治区 （共 9 所）	通过评估 2 所：内蒙古科技大学、内蒙古工业大学
		其他 7 所：内蒙古大学、内蒙古农业大学、赤峰学院、呼伦贝尔学院、内蒙古大学创业学院、内蒙古师范大学鸿德学院、鄂尔多斯应用技术学院

续表

序号	地 区	土建类高校名单
21	广西壮族自治区（共8所）	通过评估3所：广西大学、桂林理工大学、广西科技大学
		其他5所：桂林电子科技大学、南宁学院、广西大学行健文理学院、广西科技大学鹿山学院、桂林理工大学博文管理学院
22	重庆市（共8所）	通过评估2所：重庆大学、重庆交通大学
		其他6所：西南大学、重庆文理学院、重庆三峡学院、长江师范学院、重庆科技学院、重庆大学城市科技学院
23	上海市（共6所）	通过评估2所：同济大学、上海交通大学
		其他4所：上海理工大学、上海应用技术学院、上海师范大学、上海大学
24	山西省（共12所）	通过评估1所：太原理工大学
		其他11所：山西大学、太原科技大学、中北大学、山西农业大学、山西大同大学、吕梁学院、太原学院、山西应用科技学院、太原理工大学现代科技学院、山西工商学院、山西工程技术学院
25	云南省（共10所）	通过评估1所：昆明理工大学
		其他9所：云南大学、云南农业大学、西南林业大学、保山学院、云南民族大学、昆明学院、云南大学滇池学院、昆明理工大学津桥学院、云南工商学院
26	新疆维吾尔自治区（共9所）	通过评估1所：新疆大学
		其他8所：塔里木大学、新疆农业大学、石河子大学、喀什大学、新疆工程学院、新疆大学科学技术学院、新疆农业大学科学技术学院、石河子大学科技学院
27	贵州省（共12所）	通过评估0所
		其他12所：贵州大学、贵州师范大学、遵义师范学院、铜仁学院、贵州工程应用技术学院、凯里学院、贵州民族大学、贵阳学院、贵州大学明德学院、贵州民族大学人文科技学院、贵州师范大学求是学院、贵州理工学院
28	宁夏回族自治区（共6所）	通过评估0所
		其他6所：宁夏大学、北方民族大学、宁夏理工学院、宁夏大学新华学院、银川能源学院、中国矿业大学银川学院
29	青海省（共3所）	通过评估0所
		其他3所：青海大学、青海民族大学、青海大学昆仑学院
30	海南省（共3所）	通过评估0所
		其他3所：海南大学、海口经济学院、三亚学院
31	西藏自治区（共2所）	通过评估0所
		其他2所：西藏大学农牧学院、西藏大学
	总计	533所，其中通过评估92所

按通过评估数量排序，截至2018年3月。

附 1：各省（自治区、直辖市）分区赛选拔推荐参加全国竞赛高校数计算公式：

各省（自治区、直辖市）分区赛选拔推荐参加全国竞赛高校总数 = $N(C_1/C + P_1/P)/2$

式中：N 为各省（自治区、直辖市）分区赛选拔推荐参加全国竞赛的高校总数；
C_1 为各省（自治区、直辖市）参加分区赛的高校数；
C 为参加分区赛的全国高校总数；
P_1 为各省（自治区、直辖市）参加分区赛中通过专业评估的高校数；
P 为参加分区赛中通过专业评估的全国高校总数。

例如：某年除全国竞赛发起的高校、承办过全国竞赛的高校、当年承办各省（市）分区赛的高校和受邀请的其他高校之外，剩下的名额由分区赛选拔推荐，假设分区赛选拔推荐总数定为 $N = 60$ 所，同时假设某省分区赛今年参加竞赛的高校数有 $C_1 = 30$ 所高校，其中有 $P_1 = 5$ 所高校通过了专业评估，又假定当年参加分区赛的全国高校总数为 $C = 500$ 所，其中通过专业评估的高校总数有 $P = 92$ 所。那么，该赛区今年可推荐参加全国竞赛的高校数为：$60(30/500 + 5/92)/2 = 1.65$（实行四舍五入，2 个名额由全国竞赛秘书处下达各省（自治区、直辖市）分区赛秘书处）。这 2 个名额不包括全国竞赛发起的高校、承办过全国竞赛的高校、当年承办各省（自治区、直辖市）分区赛的高校和受邀请的其他高校。

附 2：历届全国大学生结构设计竞赛赞助单位：

表 1-4 历届全国大学生结构设计竞赛赞助单位

届　次	赞助单位
一	浙江东南网架股份有限公司
二	大连理工大学建筑设计研究院、大连市建筑设计研究院
三	新疆金风科技股份有限公司
四	江苏东华测试技术股份有限公司
五	中国建筑科学研究院建研科技股份有限公司
六	中国建筑工程总公司
七	中国建筑第五工程局有限公司
八	长安大学建工学院
九	云南建工集团有限公司
十	中建三局集团有限公司工程总承包公司
十一	中南建筑设计院股份有限公司

1.2 大学生结构设计竞赛演化

大学生结构设计竞赛的演化过程可大致分为实际结构—结构试验—结构竞赛三个过程。

1.2.1 实际结构

土木工程中实际结构如建筑、桥梁、隧道、大坝、港口、海洋平台等，这些结构接受着大自然和人类的作用，如飓风、冰灾、雪灾、火灾、地震、泥石流、汽车撞击、恐怖袭击等，如图 1-2 ~ 图 1-9 所示。

图 1-2 桥梁在汽车偏载超载下倾覆

图 1-3 塔吊在狂风中弯折

图 1-4 输电塔在冰灾下倒塌

图 1-5　厂房屋顶被暴雪压塌

图 1-6　汶川地震中框架结构发生底层塌陷（四层变为三层）

图 1-7　房屋被泥石流冲毁

图 1-8 楼房因煤气罐爆炸发生局部塌落

图 1-9 纽约世贸中心被飞机撞击倒塌

1.2.2 结构试验

为了设计和建造更安全的结构，人们制作了一些足尺或缩尺模型来检验结构的性能，如静力试验、拟静力试验、风洞试验、抗震振动台试验等，如图 1-10 ~ 图 1-15 所示。

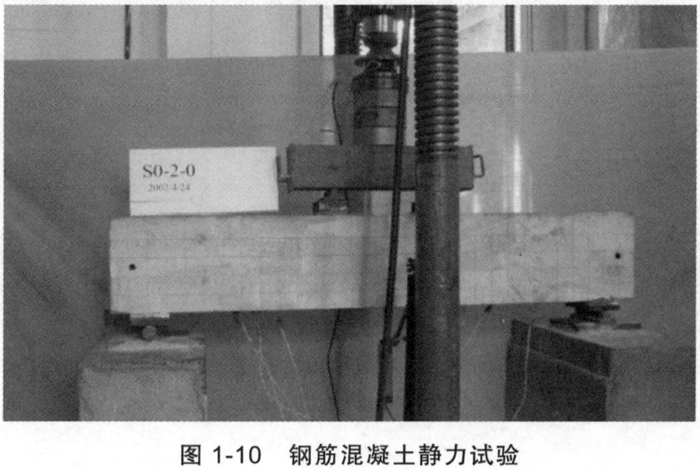

图 1-10 钢筋混凝土静力试验

图 1-11　建筑风洞试验

图 1-12　大跨度桥梁抗震振动台阵试验

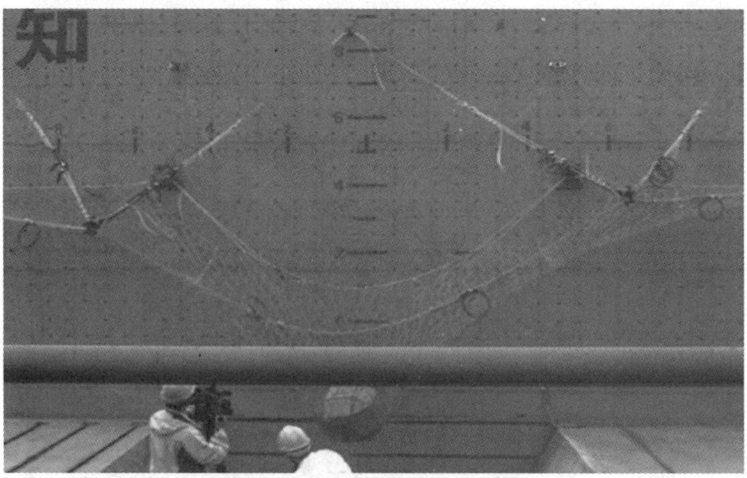

图 1-13　安全网防落石防护试验

图 1-14　泥石流模型试验（成都理工大学提供）

图 1-15　冰工程实验室（用于海洋平台等试验，天津大学提供）

1.2.3　结构竞赛

大型结构试验因需要的硬软件和经费相对较高而无法大量普及，因此出现了一种更简单易行的方式，即用容易加工的材料制作模型，通过一些小型设备加载来检验结构。结构设计竞赛就是通过将实际工程模型化来考察结构的设计、施工、加载等，如图 1-16 ~ 图 1-18 所示。目前国内竞赛偏重于小型结构试验，而国外竞赛还涉及了试验室结构试验，较为开放。

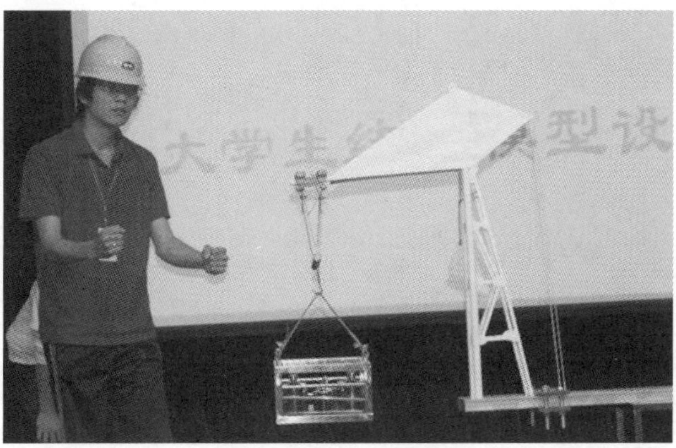

图 1-16　竖向荷载试验

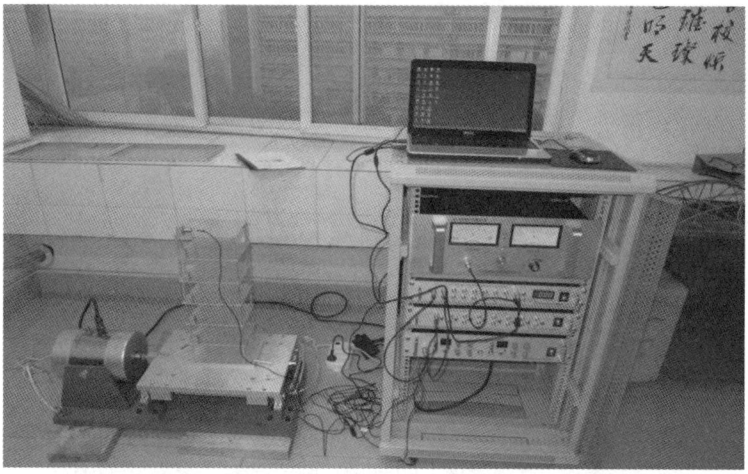

图 1-17　小型振动台试验

图 1-18　摆锤冲击荷载试验

第2讲 材 料

微信扫二维码
看本讲彩图

本讲从实际结构的材料入手，过渡到竞赛材料。常用于实际结构的材料一般有木、砌体（砖、石）、混凝土、钢筋、金属（钢、铝合金）、钢绞线、复合纤维等，竞赛材料一般有卡纸、竹条、竹皮、有机玻璃等。

材料的力学属性包括强度、延性等，实际结构的材料在这些属性方面表现不一，针对不同材料的特点，使其材尽其用是用材的重要思想。如砖虽然有一定强度，但延性不足，容易脆断，一旦断裂将很快失去承载能力，因而常用作表演的道具，如图 2-4 所示。砖砌体结构在地震中表现不佳大多因为砖的延性较差，而在砖砌体结构中适当添加带有延性的钢筋混凝土圈梁与构造柱则能够在一定程度上改善这一问题，类似于用丝带包装后的礼物，以求能做到刚柔并济，如图 2-7 所示。普通混凝土抗拉强度和延性均不佳，混凝土和钢筋组成的钢筋混凝土结构则能够各取所长，近年来还不断出现了强度和延性得到改善的高性能混凝土。另外，一批新材料如复合材料、智能材料的出现，使结构能够做到轻质高强且延性好，这些新材料已经应用到多个领域包括航天、机械、化工、土木等。

结构竞赛材料的强度、延性也同样表现不一，如竹材的抗拉强度尚可，应尽量发挥其优势。另外竹材的顺纹抗拉强度明显大于横纹抗拉强度，在选用时也需注意。

2.1 实际结构材料

实际结构的材料见图 2-1 ~ 图 2-15。

图 2-1 芬兰冰屋

图 2-2　欧洲石建筑

图 2-3　木结构

图 2-4　砖块及利用砖的脆性进行的表演

图 2-5 砖砌体住宅

图 2-6 因延性不足在地震中倒塌的砖砌体结构

图 2-7 添加圈梁构造柱的砖砌体结构和用丝带包装的礼品

图 2-8　混凝土块

图 2-9　钢筋

图 2-10　钢筋混凝土建筑——朝鲜柳京饭店

图 2-11 钢结构——CCTV 大楼

图 2-12 钢索（绞线）

图 2-13 钢索山体防护

图 2-14 西班牙马德里碳纤维桥

图 2-15 碳纤维工程加固

2.2 结构竞赛材料

结构竞赛常用材料见图 2-16 ~ 图 2-19。

图 2-16 卡纸

图 2-17 竹材

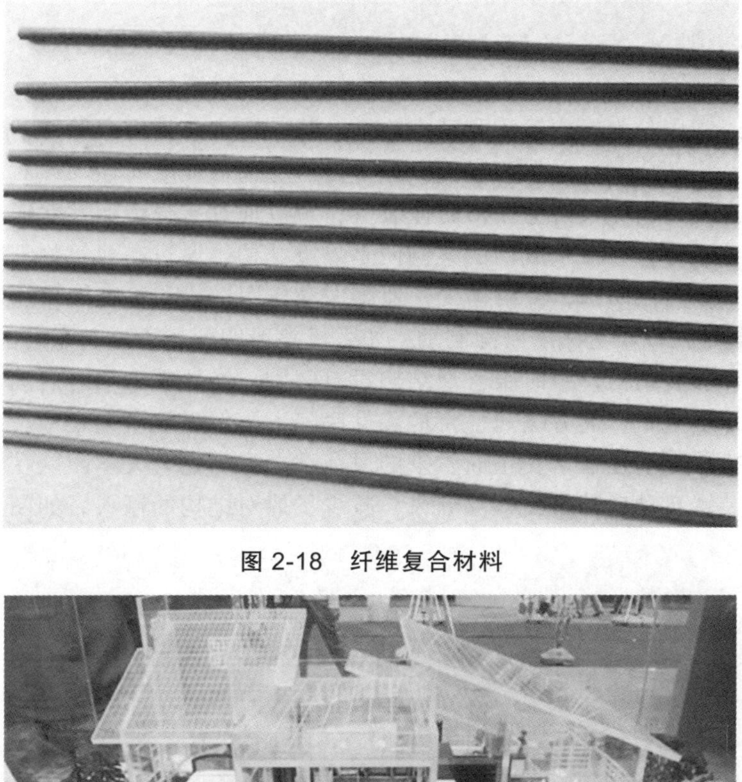

图 2-18 纤维复合材料

图 2-19 有机玻璃（亚克力）

第3讲　结构思想

微信扫二维码
看本讲彩图

本讲开始进入结构部分。本讲关注结构思想，结构思想是智慧、是灵魂，是指导竞赛的“孙子兵法”。竞赛结构和实际结构有着一样的目的，即安全、美观、经济、适用，而安全又是重中之重。结构遵循着“输入—结构—输出”的过程，要想结构有较好的输出反应，需重点研究好两个方面：一个是输入，一个是结构。

3.1　输　入

先研究输入，输入分为静力输入和动力输入。静力输入包括恒载等，动力输入一般有风荷载、地震作用、移动荷载、偶然荷载等。想办法避免输入或减缓输入，对结构来说十分关键。图 3-1 为重庆万州长江大桥的弧形防撞装置，可以通过自身弹塑性变形来隔离大桥免受船只的碰撞，受益双方。另一个成功的案例便是隔震结构，通过在建筑物与基础之间设置较柔的橡胶隔震层，隔离振动源，使结构少受地震振动作用，达到釜底抽薪的效果，如图 3-2、图 3-3 所示。隔震结构以柔克刚、以静制动，如太极拳般四两拨千斤，充满了道家哲学思想。日本设想的磁悬浮隔震结构，平时跟普通结构没有区别，在地震来临时启动，通过电磁的磁极斥力将结构悬浮于空中，此方法几乎将地震彻底隔离，但尚在研究之中。第四届全国结构设计竞赛要求悬挑体育场屋盖承受正面吹来的风荷载，吉林建筑大学团队在结构中设置了排风装置，风来时装置自动启动排出一部分风，减少了风对结构的输入，如图 3-4 所示。

图 3-1　重庆万州长江大桥弧形防撞装置

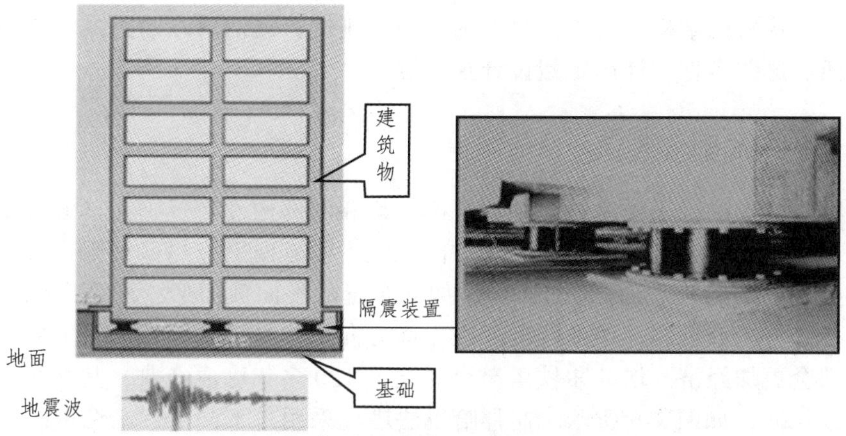

图 3-2　隔震原理示意图

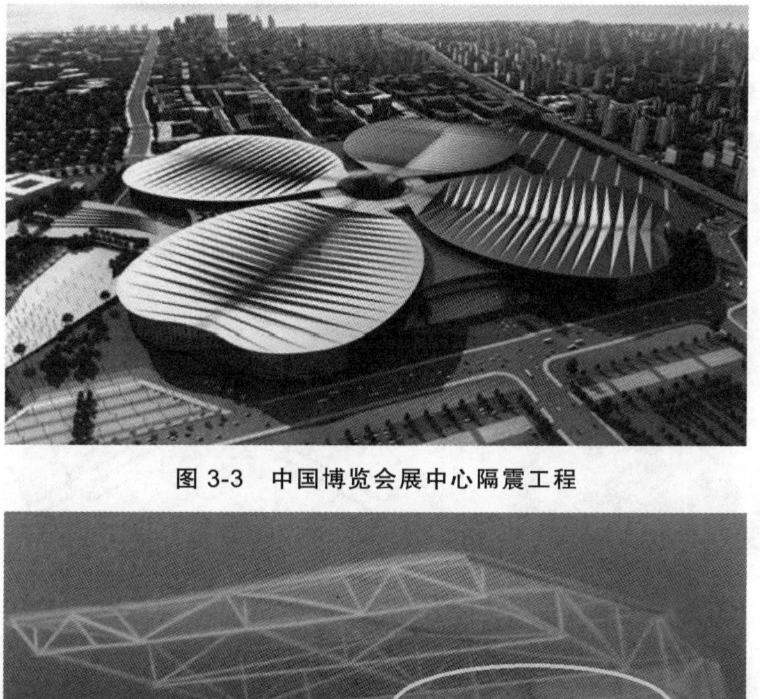

图 3-3　中国博览会展中心隔震工程

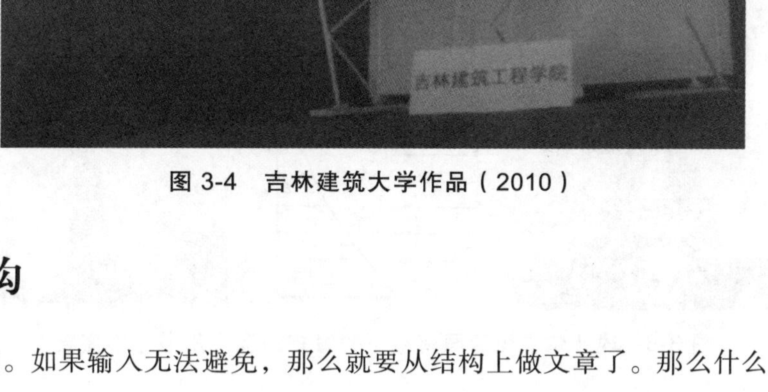

图 3-4　吉林建筑大学作品（2010）

3.2　结　构

再研究结构。如果输入无法避免，那么就要从结构上做文章了。那么什么是好的结构？

答案是明确的，**优秀的结构有三点：合理的体型和刚度、简洁清晰的力流传递路径和有效的能量转移途径。这些定性设计比定量设计更重要**。

3.2.1 合理的体型和刚度

如果说材料主要决定了强度，那结构外部体型和内部构件布置则在很大程度上影响了结构刚度。合理的体型包括平面和立面两个方向。在平面方向上应尽量规则、对称，世界最高建筑迪拜哈里法塔的结构平面图见图 3-5，如此布置的平面截面形状配合内部剪力墙的布置能让结构在各个方向都拥有不错的刚度。在立面方向上，如果结构外形与主要荷载下的弯矩图大致相似则会更加经济。埃菲尔铁塔至今屹立了 120 多年已成经典，其立面形状与风荷载下弯矩图大致相同，如图 3-6 所示。迪拜哈里法塔也采用自下向上逐渐缩进的立面形状，而绚丽的广州塔则需要增加一些技术和造价以弥补对外形的追求。中央电视台新大楼采用蹲马步的外形，如图 3-7 所示，人蹲马步会觉得累，结构同样不会轻松，它是通过增加造价来达到视觉震撼的效果。地铁起步时，沿机车行进方向分开站立比双脚并拢时更为稳固，因为双腿分开站立时身体刚度大于并拢时的身体刚度，双脚分开站立的姿势看起来就像埃菲尔铁塔。

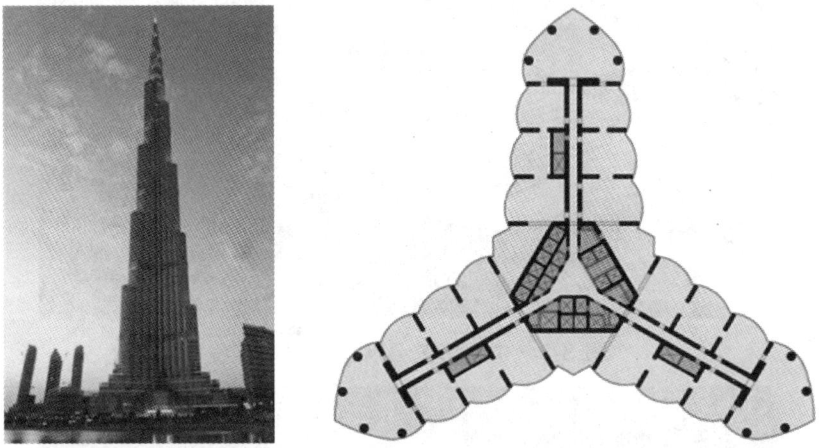

图 3-5　迪拜哈里法塔及其平面图

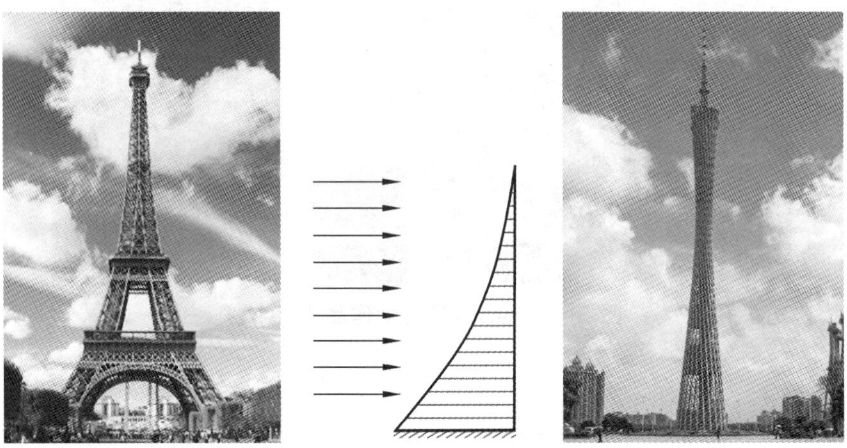

图 3-6　埃菲尔铁塔、风荷载下的弯矩图及广州塔（小蛮腰）

图 3-7　CCTV 大楼和蹲马步

通过快速作弯矩图进行概念设计是一个不错的选择，在第四届全国结构设计竞赛中，悬挑体育场屋盖在风荷载下的弯矩图如图 3-8（a）所示，但有作品做成了图 3-8（b）所示的平面网架，我们首先肯定学生观察到了生活中的网架结构，但遗憾的是用错了地方，且费工费时，从一开始就走错了方向，加载表现自然也就不好了，而图 3-4 吉林建筑大学的作品就与弯矩图比较相似。事实上，回看历届全国大学生结构竞赛的优秀作品，其形状与弯矩图形状基本是吻合的。

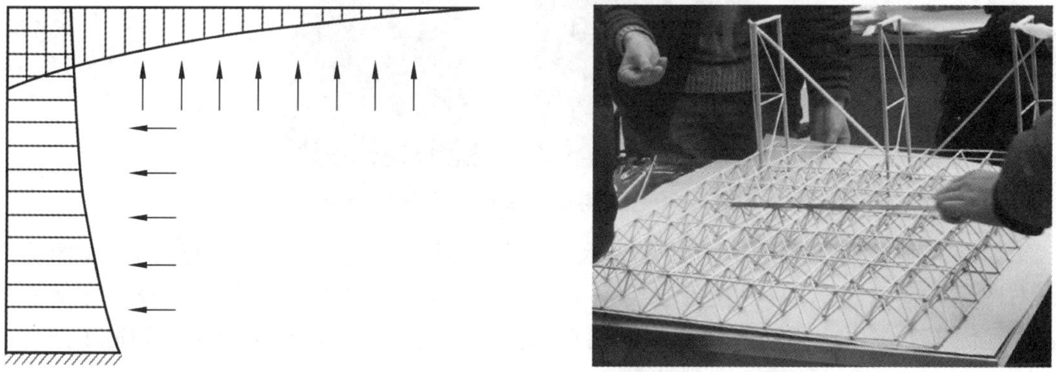

（a）　　　　（b）

图 3-8　悬挑体育场在风荷载下的弯矩图及某作品

3.2.2　简洁清晰的力流传递路径

有了不错的体型之后，结构还应有良好的力流传递路径。由于实际结构大多为超静定结构，结构内部的刚度分配决定着力的传递路径，应通过合理的刚度分配为力流走较短、较直接的路径创造条件。提行李箱为什么不如拖行李箱感觉轻松，因为箱子重量直传给了大地，力流向下走了较直接的路径，而不是向上绕路后再传到地面，如图 3-9 所示。结构抵抗风、地震时，一般来说，布置有斜撑的结构比无斜撑结构的力流传递路线更为简洁清晰，这是因为斜撑的布置为力流走较短、较直接路径创造了条件，一部分力通过斜撑走了捷径传向大地，而不是直角拐弯多走弯路，如图 3-10 所示。

图 3-9　拖行李箱和提行李箱的传力路径

图 3-10　有斜撑的结构及无斜撑结构

又如湖北某校赛要求结构顶部承受水平荷载，图 3-11 是收到的两组作品（左图为方案甲，右图为方案乙），方案甲在每层设置小斜撑，方案乙则采用跨层的大斜撑，方案乙的加载表现远优于方案甲，因为方案乙中的大斜撑为力流走较短、较直接的路径创造了条件。

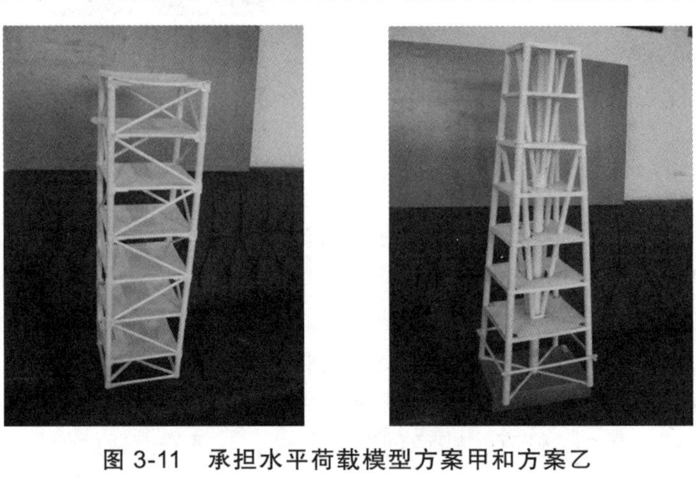

图 3-11　承担水平荷载模型方案甲和方案乙

3.2.3　有效的能量转移途径

生活中常见的汽车，如 SUV，其车身前段的钢材强度一般较乘员舱弱一些，这样做的目的是，如果发生正面碰撞，车身前段先发生塑性变形，将碰撞前的车辆行驶动能转化成车身前段有效的塑性变形能，从而保护乘员舱，这是一种有意的减弱设计，这样的设计可以使整体车身刚柔并济。图 3-12 为某品牌汽车正面碰撞检测试验。

图 3-12　汽车正面碰撞测试试验

结构同样如此，需要在刚和柔、强与弱之间进行有效协调，以求达到刚柔并济并在极限加载下保证结构的安全。图 3-13 框架-剪力墙结构中的连梁，设计时故意“做弱”，在大地震时连梁先屈服吸收地震能量保护其他主体结构，这就是所说的“强墙弱梁”。框架结构中的“强柱弱梁”也是如此，即让相对较弱的梁发生变形、吸收能量，从而保全柱子，这是一种欲擒故纵、丢卒保车的战术。采用“强柱弱梁”的结构可使结构不至于很快倒塌，而“强梁弱柱”结构的柱子会先屈服，比较危险如图 3-14 所示。图 3-15 是 2003 年阿尔及利亚地震中一栋建筑濒临塌陷，一层柱子破坏，而梁板看起来完好。

图 3-13　框架-剪力墙结构中的连梁

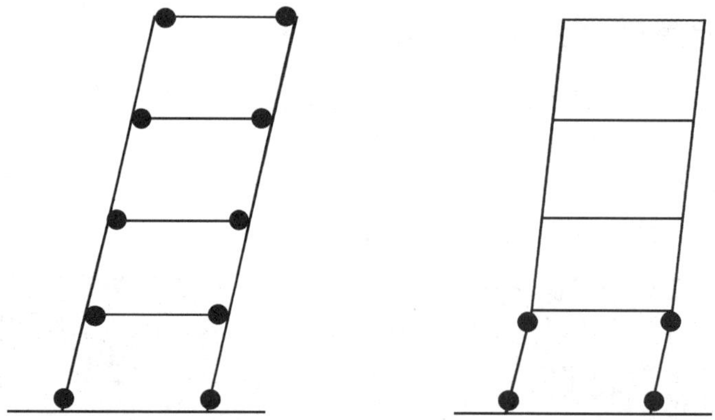

（a）强柱弱梁　　　　（b）强梁弱柱

图 3-14　结构类型

图 3-15　阿尔及利亚地震中的强梁弱柱结构

我们还发现，采用了“强柱弱梁”设计的框架结构在地震中有时并不完全像预先设计的那样工作，主要是因为梁板组合后刚度较大，柱子反而成了薄弱环节。清华大学冯鹏团队设计出一种波起钢筋（见图 3-16），即在梁中将原直线形钢筋的一小段设计成带弧度的波起钢筋，波起的钢筋使梁暂时变弱，地震时优先屈服变形，待伸直后又能提供极限保障。由此可见，加强结构固然有效，但有时故意减弱同样可以达到目的。

图 3-16　为达到“强柱弱梁”目的而设计的波起钢筋（冯鹏博士提供）

以上是通过牺牲结构本身来保全整体，能否通过外部附加吸能装置来保全结构呢？为解决这一问题阻尼消能装置应运而生。在结构中添加阻尼消能装置能够吸收振动能量，减弱结构振动，且震后可更换，达到李代桃僵的效果。如图 3-17 左图所示，在结构中增加斜撑阻尼器，能够在振动时吸收耗散能量，日本横滨塔楼就用了这种阻尼装置。同济大学某年校赛学生利用注射器来模拟阻尼器；深圳大学某年校赛制作了类似阻尼器的构件（见图 3-18）。我国古代斗拱建筑通过斗拱榫卯的摩擦耗能保全梁柱来抵抗地震，如图 3-19 所示。有的汽车在前段设置吸能盒，可以在碰撞时先溃缩变形达到耗能目的，如图 3-20 所示；同样在汽车领域，被称为气囊革命的外置气囊，可以在感应下迅速打开，通过附加外部装置减少对车和人员的伤害，如图 3-21 所示。

图 3-17　添加阻尼减震的结构和日本横滨塔楼

图 3-18　添加模拟阻尼器的模型

图 3-19　古代斗拱结构

图 3-20　前端设置吸能盒的汽车

图 3-21　侧面配置外置气囊的汽车

另外还有一些跟能量相关的技术措施如调谐控制（TMD、TLD）、主动控制（AMD）等，通过附加机械及计算机信息技术的辅助，使结构受控来应对风荷载等振动，甚至能达到反客为主的目的。图 3-22 所示为台北 101 大楼上设置的 TMD 装置和广州塔上设置的主被动复合控制装置，由于远比普通结构复杂，目前应用尚不太多，这里不做赘述，可自行扩大阅读。

图 3-22　台北 101 大楼上的 TMD 和广州塔上的主被动复合装置

第 4 讲　结构类型

微信扫二维码
看本讲彩图

本讲关注结构类型。结构按用途可分三大类：建筑结构类、大跨桥梁类、空间结构类，按主受力构件的形态可分为三类：即直线型（受弯型）、拱型（受压型）、索型（受拉型）。分类归纳见表 4-1。事实上，高层建筑可以看成是一端固定在地球的悬臂结构，大跨桥梁可以看成是两端固定在地球上的结构，空间结构可以看成多是端固定在地球上的结构，所有的力最后都流向固定端并导走。请从外形和力流角度来感知本讲的结构，并尽可能熟悉这些基本结构，以期做到触类旁通、活学活用。如果细细品味，本讲中的一些大师作品堪称经典。

表 4-1　结构分类归纳表

结构分类	直线型	拱　型	索　型
建筑结构	框架结构、剪力墙结构、框架-剪力墙结构、框架-支撑结构、框架-核心筒结构、带转换层结构、带加强层结构、筒中筒结构、竖筒结构、巨型框架结构、巨型桁架结构、蒙皮结构、转动结构	拱结构	悬挂结构、悬索（拉索）结构
大跨桥梁	梁式桥、刚构桥、桁架桥	直承式拱桥、上承式拱桥、中承式拱桥、下承式拱桥、拉杆拱桥	直承式悬索桥、上承式悬索桥，中承式悬索桥，下承式悬索桥、斜拉桥
空间结构	空间楼盖、排架、刚架、桁架、网架、折板结构	网壳、拱、壳体	悬索（拉索）结构、斜拉结构、膜结构

4.1　建筑结构类

4.1.1　框架结构

框架结构主要由梁和柱组成。框架结构设计有三个原则，即强柱弱梁、强剪弱弯、强节点弱构件（见图 4-1）。

图 4-1　框架结构

4.1.2　剪力墙结构

剪力墙结构主要由剪力墙组成，较之于框架结构，剪力墙的侧向刚度比柱大，适合做高层建筑（见图 4-2）。

图 4-2　剪力墙结构

4.1.3　框架-剪力墙结构

既有框架柱又有剪力墙的结构称之为框架-剪力墙结构（见图 4-3），框架和剪力墙组成了抗震多道防线。

图 4-3 框架-剪力墙结构

4.1.4 框架-斜撑结构（小斜撑结构）

用斜撑代替剪力墙来抵抗侧向力的结构，称为框架-斜撑结构（小斜撑结构，见图 4-4）。

图 4-4 框架-斜撑结构（小斜撑结构）

4.1.5 框架-核心筒结构

将剪力墙集中在内部筒体，框架设置在周边的框架-剪力墙结构称之为框架-核心筒结构（见图 4-5），这种结构采光较好，适合做高层写字楼、住宅。

图 4-5　框架-核心筒结构及模型

4.1.6　带加强层框架-筒体结构

当框架-筒体结构高度较高时，为了增强筒体与框架之间的联系，使之更好的协同受力，每隔一定高度增设加强层。加强层多为桁架，加强层类似竹节或甘蔗（见图 4-6）。

图 4-6　带加强层的框架-筒体结构——广州东塔及竹子仿生

4.1.7　带转换层结构

由于下部需要较大使用空间而采用下部空间大、上部空间小，在交界处设转换层的结构称为带转换层结构，这种结构下部多为商用，上部多为酒店、住宅（见图 4-7）。由于力流发生聚集和改变，故对转换层需重点处理。

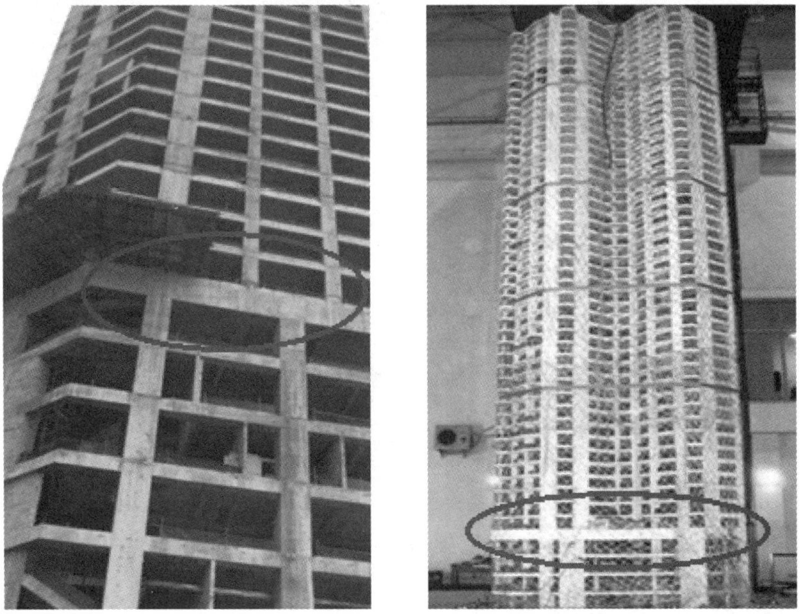

图 4-7　带转换层结构及振动台模型

4.1.8　筒中筒结构

当框架-核心筒结构的外部框架密柱深梁时就形成了筒中筒结构，外侧筒体能够为结构提供较强的抗扭刚度，如图 4-8 中的兰州国芳大酒店。广州西塔外筒则由斜交网格外筒组成。

图 4-8　筒中筒结构——兰州国芳大酒店和广州西塔

4.1.9　竖筒结构

由多个筒体组合而成的结构称之为竖筒结构，该结构具有较好的抗侧抗弯能力，类似于由多根筷子组成的一把筷子。图 4-9 是美国 SOM 建筑事务所的作品之一。

图 4-9　竖筒结构——美国 Willis Tower

4.1.10　巨型框架结构

巨型框架结构由巨型梁和巨型柱组成，每隔多层设大梁，主次分明，传力路线清晰（见图 4-10）。

图 4-10　巨型框架结构——新加坡华侨银行和日本东京国铁大厦

4.1.11　巨型桁架结构（大斜撑结构）

通过设置大斜撑组成巨型桁架结构，传力路线同样简洁清晰。图 4-11 的香港中银大厦，由贝聿铭建筑事务所设计，已成为维多利亚湾最动人的风景之一。

图 4-11　巨型桁架结构——香港中银大厦和上海环球金融中心

4.1.12　悬挂结构

楼层通过悬挂的方式悬挂于主结构的结构称之为悬挂结构（见图 4-12）。

图 4-12　悬挂结构——香港汇丰银行和德国慕尼黑宝马总部大楼

4.1.13　悬索（拉索）结构

利用索受拉承载，图 4-13 为美国 Minneapolis 联邦储备银行大厦悬索结构，有专家建议在上面做拱结构加层，拱的推力能够抵消一部分索的拉力，如图 4-14 所示。日本采用的碳纤维拉绳建筑，能够在地震时减轻楼房的晃动，图 4-15、图 4-16 也是同样原理。

图 4-13　悬索结构——美国 Minneapolis 联邦储备银行大厦

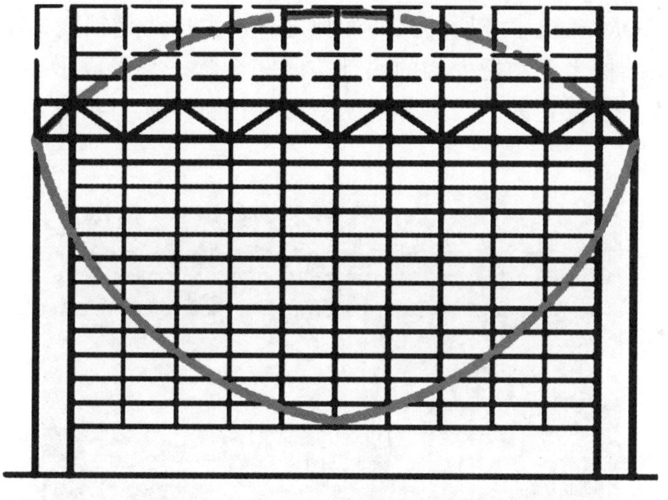

图 4-14　美国 Minneapolis 联邦储备银行大厦加层建议

图 4-15　拉索结构——日本碳纤维四周拉绳抗震建筑

图 4-16 拉索结构——德国观景塔及迪拜在建世界最高千米塔效果图

4.1.14 拱结构

图 4-17 是美国 SOM 建筑事务所的另一经典之作。大楼跨越铁路，10 层写字楼气势恢宏地悬挂在巨大的钢拱结构之上，把大楼的底部空间完全腾空，形成了一个贯通的广场，四只大钢拱中的两只直接表达在立面上，另外的两只藏在内部。四对拱脚落在两边硕大的混凝土柱墩上（见图 4-18）。

图 4-17 拱结构——伦敦 Broadgate Exchange House

图 4-18 伦敦 Broadgate Exchange House 的四个拱支座

4.1.15　蒙皮结构

蒙皮结构来源于飞机（见图 4-19）和船舶行业，在建筑领域是利用建筑表面覆盖材料的强度和刚度，来参与协助主结构受力，对建筑物的整体刚度起加强作用（见图 4-20）。

图 4-19　蒙皮结构——美国 F-117 隐形战机

图 4-20　蒙皮结构——美国 One Mellon 银行大厦

4.1.16　转动结构

转动结构多采用内部筒体，外部悬挑楼层，图 4-21 的迪拜转动建筑可享受全角度阳光与海景。

图 4-21 转动结构——迪拜达·芬奇塔效果图

4.2 大跨桥梁类

4.2.1 浮 桥

浮桥一般包括军用或民用浮桥（见图 4-22）。

图 4-22 浮桥——江西赣州建春门浮桥

4.2.2 梁式桥

梁式桥主要由梁、桥墩组成（见图 4-23），包括简支桥、连续桥、悬臂梁桥等。

图 4-23　梁式桥

4.2.3　刚构桥

桥墩与梁刚性连接的桥梁称之为刚构桥（见图 4-24）。

图 4-24　刚构桥

4.2.4　桁架桥

桁架桥采用桁架跨越较大的跨度。图 4-25 的武汉长江大桥是桁架桥的基本形式，上下桥面均可通行，上层桥面为汽车线路，下层桥面为火车线路。毛主席的“一桥飞架南北，天堑变通途”，描写的就是这座桥。图 4-26 的英国爱丁堡福斯桥，建于 1890 年，是铁路桥梁史上的里程碑之作，中部的简支梁桁架搭在两端悬臂桁架上，简支梁桁架与悬臂桁架形状分别与竖向均布荷载下简支梁弯矩图和悬挑梁弯矩图相似。图 4-27 的云南屏边五家寨人字拱桥架于悬崖之间，在包括设计师埃菲尔参与的方案竞标中，法国工程师 Paul Bodin 胜出，该桥所有钢材均从法国运抵云南，竣工于 1908 年，至今 110 余年仍在通车，两个斜撑三角桁架分别与简支梁弯矩图形状相似。这个在日本轰炸中幸存的、被载入世界名桥史册的铁路钢桥，其力学完美程度不输埃菲尔铁塔。

图 4-25　桁架桥——武汉长江大桥

图 4-26 桁架桥——英国爱丁堡福斯桥

图 4-27　桁架桥——云南屏边五家寨人字桥

4.2.5　直承式拱桥

直承式拱桥结构形式中，荷载直接作用在拱桥桥面，路面随拱桥弧度相应变化（见图 4-28）。

图 4-28　直承式拱桥

4.2.6　上承式拱桥

上承式拱桥结构主结构为拱，荷载在拱的上方通过压力传递给拱（见图 4-29）。

图 4-29　上承式拱桥——云南南盘江大桥

4.2.7　中承式拱桥

中承式拱桥主结构为拱，中部荷载在拱的下方通过拉力传递给拱，两端荷载在拱的上方通过压力传递给拱（见图 4-30）。

图 4-30　中承式拱桥

4.2.8　下承式拱桥

下承式拱桥结构为拱，荷载在拱的下方通过拉力传递给拱（见图 4-31）。

图 4-31　下承式拱桥

4.2.9　拉杆拱

拉杆拱通过加设拉杆，使得结构自平衡（见图 4-32）。

图 4-32　拉杆拱

4.2.10　直承式悬索（单根索）

这种结构非常简单，由一根索固定于两端，索上可悬挂重物，索承受拉力，图 4-33 为云南怒江溜索，其与晒衣服的晾衣绳一起被称为悬索桥的鼻祖。

图 4-33　直承式悬索（单根索）——云南怒江小学生溜索过江上学

4.2.11　直承式悬索桥（多根索）

这种结构是直承式悬索（单根索）的升级版，固定在两端的多根绳索组成了一个基本桥面，如图 4-34 所示。川藏线上著名的拉月藤网吊桥就是这种结构。

图 4-34　直承式多悬索（多根索）——四川泸定桥

4.2.12　直承式悬索（带限位）

这种结构是直承式悬索（多根索）的升级版，由于直承式悬索（多根索）使用起来晃动较大，通过在桥侧或桥下增设多根拉索来限制桥的晃动，一般包括侧拉限位和下拉限位等（见图 4-35、图 4-36）。

图 4-35　直承式悬索桥（侧拉限位）——摄于丙察察进藏线途中

图 4-36　直承式悬索桥（下拉限位）——尼泊尔 Everest Base Camp 索桥

4.2.13　上承式悬索桥（鱼腹式桥）

上承式悬索桥（鱼腹式桥）主结构为索，荷载在索上面通过压力传递给索，图 4-37 和图 4-38 的桥因视觉冲击力强、形似简支梁在竖向均布荷载下的弯矩图、数量稀有而被传为经典，图 6-11、图 6-78、图 6-95、图 6-105 的设计也是采用了这种结构。

图 4-37　上承式悬索桥——湖南洞口桥

图 4-38　上承式悬索桥——湖南洞口桥近景

4.2.14　中承式悬索桥

中承式悬索桥主结构为索，中部荷载在索上面通过压力传递给索，两端荷载在索下面通过拉力传递给索，这种桥同样不多见。图 4-39 的爱尔兰空港桥，在桥下沿拉索线设置了人行道。

图 4-39　中承式悬索桥——爱尔兰空港桥

4.2.15　下承式悬索桥

这种结构的荷载在索下面通过拉力传递给索。悬索桥可以跨越很大的跨度。图 4-40 的湖南湘西矮寨大桥，将通行路程大大缩短，桥下的盘山公路清晰可见，见证着道桥发展的历史。

图 4-40　下承式悬索桥——湖南湘西矮寨大桥

4.2.16 斜拉桥

斜拉桥桥面重量通过斜索拉力传递给主塔（见图 4-41、图 4-42）。

图 4-41 斜拉桥——湖南赤石大桥

图 4-42 斜拉桥——马来西亚天空之桥

4.2.17 混合型桥

多种结构类型组合而成的桥称之为混合型桥（见图 4-43）。

图 4-43 混合型桥——湘潭湘江四桥

4.2.18　可活动桥

一般为通航要求而设置可活动的桥（见图 4-44 ~ 图 4-47），图 4-45 的英国千禧桥，可以将路面升起，以方便船只通过。

图 4-44　可活动桥——西瓜虫桥（可开合）

图 4-45　可活动桥——英国千禧桥（可升降）

图 4-46　可活动桥——伦敦塔桥（可开启）

图 4-47　可活动桥——温州瓯南大桥（升降前后）

4.2.19　贝雷桥

贝雷桥一般为装配式钢桁架桥，可快速施工，除军用外，可广泛应用于抢险救灾、交通工程、市政水利工程、危桥加固等（见图 4-48）。

图 4-48　贝雷桥——抢险救灾

4.3　空间结构类

4.3.1　大跨空间楼盖

大跨空间楼盖采用双向交叉梁组成，能够跨越较大跨度（见图 4-49）。

图 4-49 大跨空间楼盖

4.3.2 门式刚架

门式刚架是厂房、大棚多用的一种结构（见图 4-50）。

图 4-50 门式刚架

4.3.3 排　架

排架一般通过平面桁架跨越一定距离（见图 4-51）。

图 4-51 排架

4.3.4 桁 架

桁架可以跨越较大距离，一般用于车站、机场大厅等（见图 4-52）。

图 4-52 桁架

4.3.5 张弦结构（鱼腹式）

张弦结构原理与图 4-37 上承式悬索桥（鱼腹式）类似（见图 4-53）。

图 4-53　张弦结构——上海浦东机场航站楼

4.3.6　网　架

网架是由多根杆件按照一定的网格形式通过节点联结而成的空间系杆结构（见图 4-54）。

图 4-54　网架

4.3.7　网壳结构

网壳是形状是壳体的空间杆系结构（见图 4-55）。

图 4-55　网壳结构

4.3.8　拱结构

拱结构见图 4-56。

图 4-56　拱结构

4.3.9　拉杆拱

拉杆拱通过设置拉杆减少拱的推力，其中拉杆可在地上，也可隐藏于地下（见图 4-57）。

图 4-57　拉杆拱——军事博物馆

4.3.10　壳体结构

壳体结构见图 4-58 ~ 图 4-62。

图 4-58　壳体结构——贝壳仿生

图 4-59　壳体结构——沙特麦加穹顶

图 4-60　壳体结构——悉尼歌剧院

图 4-61　壳体结构——隧道

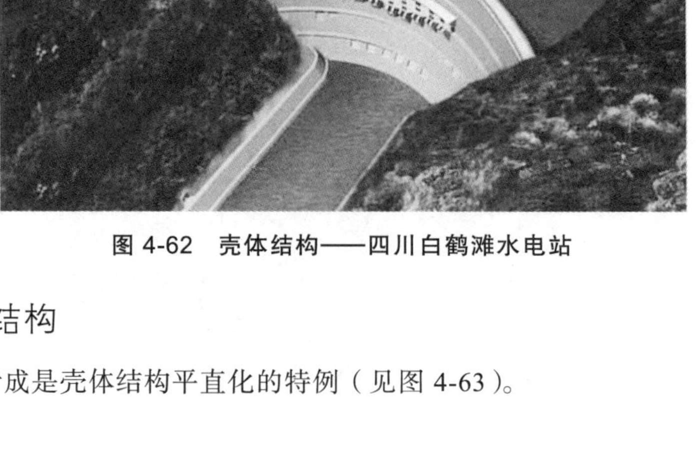

图 4-62　壳体结构——四川白鹤滩水电站

4.3.11　折板结构

折板结构可看成是壳体结构平直化的特例（见图 4-63）。

图 4-63　折板结构

4.3.12　悬索（拉索）结构

悬索（拉索）结构利用索承受拉力（见图 4-64 ~ 图 4-71）。

图 4-64　拉索结构——蜘蛛网仿生

图 4-65　拉索结构——羽毛球拍

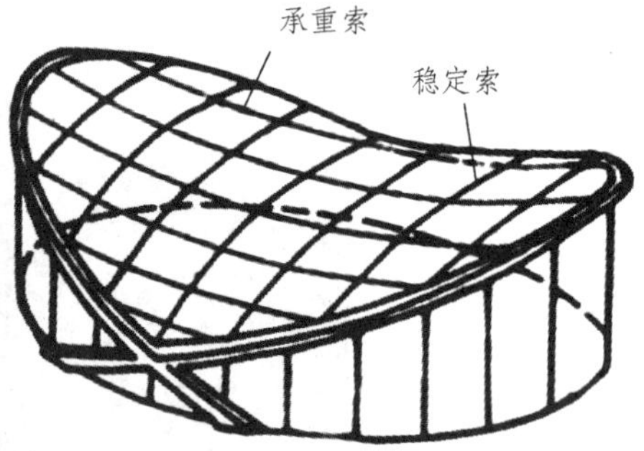

图 4-66　拉索结构——加拿大马鞍形单层索网体育馆及索网示意图

图 4-67　拉索结构——辐射式单层拉索结构

图 4-68　拉索结构——辐射式单层拉索结构模型

图 4-69　悬索结构——日本代代木体育馆

图 4-70　悬索结构——代代木体育馆内景

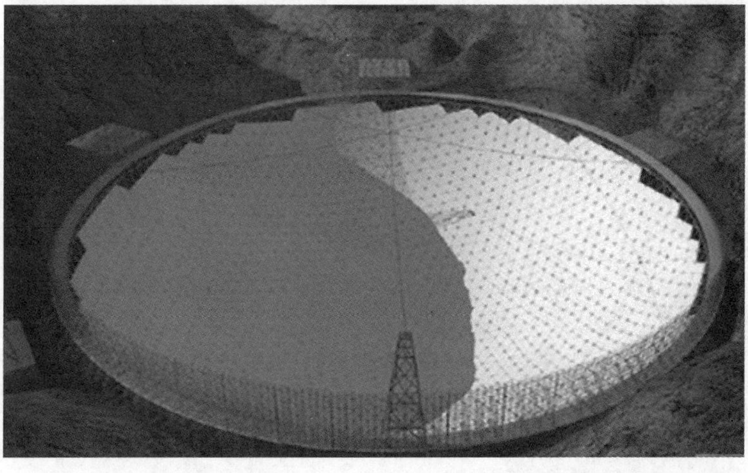

图 4-71　悬索结构——贵州平塘“天眼”望远镜

4.3.13 斜拉结构

斜拉结构与斜拉桥原理类似（见图 4-72）。

图 4-72 斜拉结构——杭州黄龙体育场

4.3.14 混合型

混合型结构见图 4-73 ~ 图 4-75。

图 4-73 拱—索网混合结构

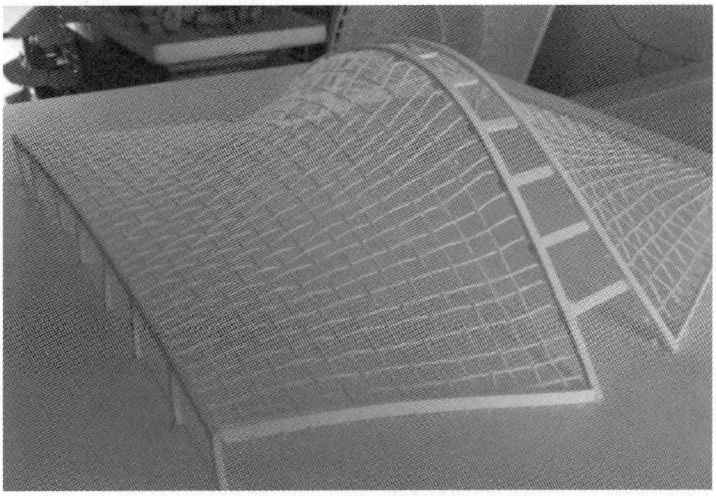

图 4-74　拱—索网混合结构模型

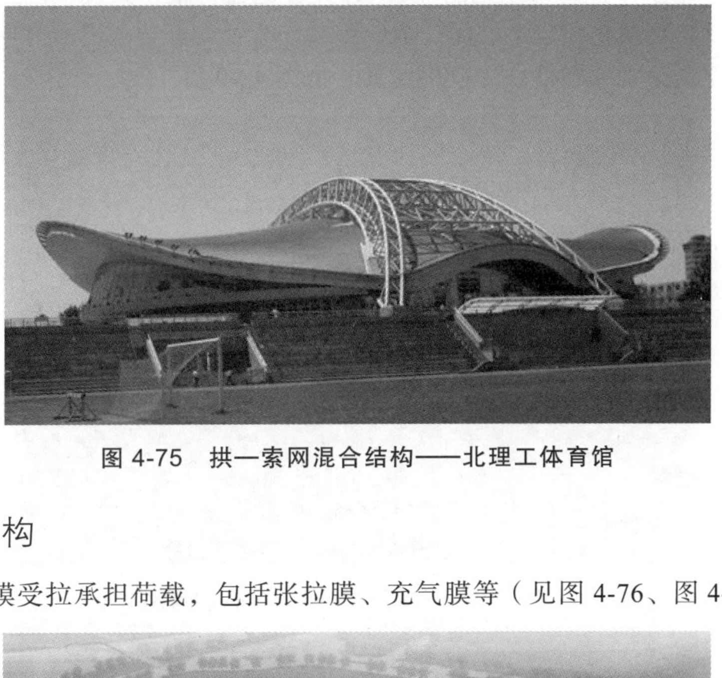

图 4-75　拱—索网混合结构——北理工体育馆

4.3.15　膜结构

膜结构利用膜受拉承担荷载，包括张拉膜、充气膜等（见图 4-76、图 4-77）。

图 4-76　膜结构——青岛颐中体育场（张拉膜）

图 4-77　膜结构——加拿大温哥华室内体育场（充气膜）

4.3.16　可开合和可展开空间结构

可开合结构常用于体育场馆（见图 4-78），开合屋盖可根据天气状况开启闭合，可展开结构可以改变形状，可从体积较小的闭合或收缩状态变换到开启或者展开状态，在大型展开支撑结构、深空探测等领域有很好的应用前景（见图 4-79）。

图 4-78　可开合结构——日本福冈穹顶

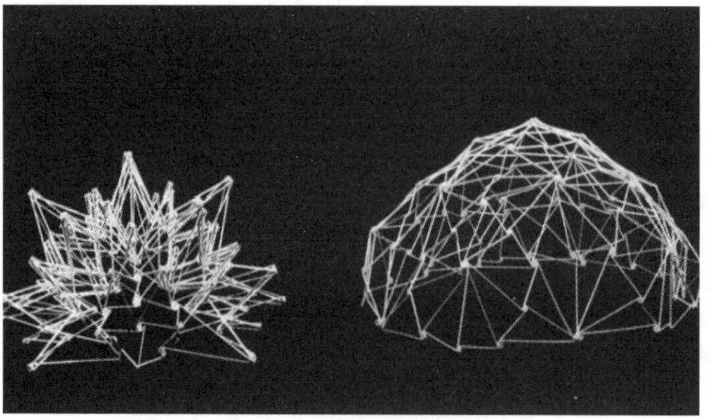

图 4-79　可展开结构示意图

第 5 讲　竞赛分项解析

微信扫二维码
看本讲彩图

本讲我们进入竞赛阶段。竞赛流程一般为“分析赛题——结构选型——模型制作”，类似于实际工程中的“设计——施工”过程。本讲将按照全国大学生结构竞赛评分标准进行分项解析，以求各个击破。全国结构设计竞赛评分标准见表 5-1。

表 5-1　全国大学生结构设计竞赛评分标准

序号	评分标准	具体内容
1	结构选型与制作质量（10 分）	结构合理性与创新性 模型制作美观性
2	计算书及设计图（5～10 分）	计算内容的完整性 图文表达的清晰性、规范性
3	现场表现（5 分）	赛前陈述 赛中答辩
4	结构表现（75～80 分）	根据加载时结构表现评分
总计	满分 100 分	最终按总分排名确定获奖等级

5.1　结构选型与制作质量

结构选型考察概念设计，国赛题目一般要求制作轻量化、承载能力好的结构，需要从结构概念设计入手，结构选型是关键，需要扎实的专业知识和深厚的内功，这也是很多同学的弱项，好的概念设计可直接“破题”。最佳创意奖大部分基于结构选型。可根据本书第三讲和第四讲的结构知识进行选型，并注意以下 3 点：

（1）概念清晰、主次分明。

结构要概念清晰，主次分明，避免“形似神不似”。如广州大学某年校赛要求制作中承式拱桥，图 5-1 是收到的两组作品，两组作品外观相似，外表都有拱桥的外形，但受力却有天壤之别。仔细观察，图 5-1 左图错误地将梁作为主要构件，制作时把拱拆分为上下两部分，没有分清主次关系，未执行良好传力路径的结构思想，这就是“形似神不似”。正确的做法是图 5-1 右图所示，拱是主，梁为次，制作时应将拱作为一个整体，梁上荷载通过拉条传给拱。历届全国竞赛排名靠前的作品，无一例外都简洁清晰。

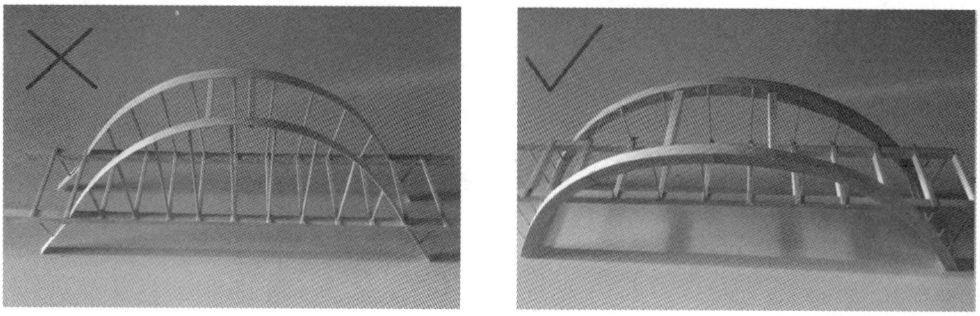

图 5-1　中承式拱桥的错误和正确做法

再举一例。仿生给我们带来很多灵感，如蜘蛛网、屋檐下的水滴等。浙江某年省赛要求制作有周边支撑的空间结构来承受竖向荷载，有参赛队做了仿生乌龟壳结构，创意十足，如图 5-2、图 5-3 所示，该结构采用梭形形状的张弦结构，因与弯矩图相似、结构合理而取得了不错的加载成绩，最终总分排在前几名，但在概念表达上却有失分。其计算书的效果图（见图 5-2 左图）有乌龟壳的样子，看起来还比较自然，但仔细一看，该效果图却是个悬挑的结构，而实际作品却是个周边有支撑的壳体，如果是按照悬挑结构来做模型，根据悬挑结构弯矩图（见图 5-4），模型应做成向嵌固端逐渐变大的结构形状为宜，相当于把埃菲尔铁塔横置，因为埃菲尔铁塔可以看成地球上的悬挑构件。对于计算书评阅专家而言，这样明显的概念错误会让专家认为存在瑕疵而扣分，对于一个志在取得较好名次力争全国赛名额的省赛队伍，这显然是一个不应该的分数损失。耶鲁大学冰球馆就是乌龟壳仿生的成功案例，如图 5-5 所示。

图 5-2 “乌龟壳”仿生结构效果图和现实中的乌龟壳

图 5-3　作品结构骨架和现实中的乌龟壳骨架

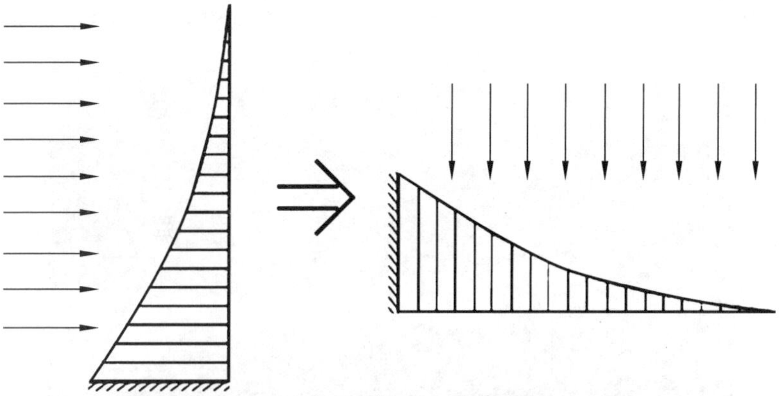

图 5-4　由埃菲尔铁塔弯矩图到悬挑结构的弯矩图

图 5-5　耶鲁大学冰球馆

对以上问题的思考是，目前很多院校存在“重构件，轻整体”的问题，如“钢筋混凝土”课程和“钢结构”课程的学习偏重构件部分，包括受弯构件、受拉构件、受压构件、偏压偏拉构件等，而对结构整体的关注不够。学生对定量计算很熟悉，对定性设计重视不够。建议高校引导学生关注概念设计，从繁琐的定量计算中走出来，更多关注定性设计；从构件中走出来，更多关注整体设计，正所谓不忘初心，方得始终。有一些学校还专门开设了定性概念设计和模型制作结合的课程，对提升学生的概念设计能力应该有不错的效果。

（2）善用拉条，材尽其用。

由于模型的杆件多为细长杆件，受压容易失稳，稳定破坏先于强度破坏发生，导致材料强度未能充分发挥。若杆件受拉，则不存在失稳问题，材料强度可物尽其用，有时甚至一个拉条就可以起到很好作用。如拉杆拱比不加拉杆的拱承载力大大提高。又如建筑中的交叉斜撑，可采用双竹条（可承受拉、压），也可以采用双拉条（只能承受拉力，类似于绳线），在水平推力作用下，双竹条均受力，而双拉条结构的其中一根拉杆退出工作，后者总体用料较为经济。第九届全国结构设计竞赛中长沙理工大学等高校直接采用竹皮做桥面，充分发挥竹皮抗拉性能，类似于直承式悬索桥，取得了不错的效果和成绩，如图 5-6 所示。

图 5-6　长沙理工大学采用拉条带直接承受竖向荷载

（3）注意细节，精工制作

同一个模型，不同的学生制作出来的美观度和结构表现也不同，做工不佳有时会导致命的失败，结构的制作可大致分为以下步骤：选材——零件制作——构件制作——结构拼装——结构试验加载。历届比赛选手们对截面形式的制作也很到位，有矩形、三角形、工字形、T 形、L 形、槽形等。历届很多高校的作品堪称精致，最佳制作奖也以此为依据。

5.2　计算书及设计图

计算书内容主要包括方案设计、结构受力分析、构件验算、设计图纸等，一般采用电算、手算相结合的方式，具体见表 5-2。

表 5-2　计算书内容

计算书内容	涉及专业知识	涉及软件	
		绘图软件	结构分析软件
方案设计（定性设计）	结构概念设计	CAD、3D MAX、PS、SOLIDWORK、BIM 等	
结构受力分析（定量设计）	理论力学、材料力学、结构力学（包括动力部分）、少部分涉及弹塑性力学、流体力学等		结构力学求解器、MIDAS、SAP2000、ANSYS 等
构件验算（定量设计）	强度验算、刚度验算、稳定性验算等		
设计图纸	专业绘图知识	CAD、3D MAX、PS、SOLIDWORK、BIM 等	

对于本科生，计算书主要有 3 个难点：

（1）从二维到三维

本科阶段的力学计算多为二维，而赛题多为三维结构。其实二维是三维的特殊表现形式。

（2）从静力到动力

本科阶段更多关注的是静力问题，对于动力问题关注较少。静力是跟时间无关的，动力跟时间有关，其实静力是动力的特殊形式。

（3）从线性到非线性

本科阶段的力学基本在弹性范围内研究，对于非线性的理论稍显欠缺，有些赛题的结构加载过程中出现了局部构件破坏但未倒塌仍算加载成功，此时结构已不再是全部弹性，而是出现了非线性状态。其实线性是非线性的特殊形式。

从以上分析可以看出，我们的学习体系总是遵循着从特殊到一般、由简单到复杂的过程。通过计算书和设计图可以提高学生的建模、计算和绘图能力。

5.3　现场表现

现场表现包括介绍和答辩两部分。要求选手具有一定专业能力、表达能力、快速应对能力，甚至统一、正式的着装也很重要。看上去并不难，但现场确实有同学因心理素质不佳，在台上紧张到声音发颤、身体发抖，更别说快速应对了。图 5-7 为甘肃省赛选手仪态大方地在比赛中介绍自己的作品。又如第七届全国结构设计竞赛的踩高跷，如果心理素质不佳甚至发抖，就很难期待在跑道上有好的发挥了。

图 5-7　选手在现场陈述

5.4　结构表现

通过以上精心的设计和制作，就可以期待结构有好的加载表现了。一个优秀的结构应该是力学概念清晰、设计周到、结构制作精美的艺术品。它综合考察了学生的专业能力、计算能力、动手能力、表达能力、应对能力、协作能力，需要反复设计、制作、修改、调整，甚至需要多次推倒重来和方案争论，才能获得最终满意的作品。

第 6 讲　竞赛真题分析

微信扫二维码
看本讲彩图

本讲关注历届全国结构竞赛真题。历届全国结构竞赛赛题很好的考察了各种结构（高层结构、大跨结构、空间结构）在模拟风荷载、地震等情况下的表现，具体考察点统计见表 6-1。本讲还将对历届全国竞赛获得特等奖和一等奖的作品进行赏析。**历届优秀作品表明，优先采用拉条和各种桁架（包括张弦结构）的结构总是能够占得先机**，这些通过历届优秀作品的纵向观察得到的共性认识方是本讲的意义。

表 6-1　历届全国结构竞赛考察点统计（截至 2018.3）

届次	材质	题目	结构			模拟输入				
			高层	大跨	空间	静载	风	地震	冲击	移动荷载
1	卡纸	高层建筑结构	√						√	
2	卡纸	两跨双车道桥梁结构		√						√
3	竹材	木结构风力发电塔结构	√				√			
4	竹材	体育场悬挑屋盖结构			√		√			
5	竹材	带屋顶水箱竹质多层房屋结构	√					√		
6	竹材	竹质多层吊脚楼建筑结构	√						√	
7	竹材	竹高跷结构			√				√	
8	竹材	三重檐攒尖顶仿古楼阁结构	√					√		
9	竹材	山地桥梁结构与 3D 打印装配		√						√
10	竹材	大跨度屋盖结构			√	√				
11	竹材	渡槽支承系统结构设计与制作		√						√
12	竹材	承受多荷载工况的大跨度空间结构模型设计与制作		√	√	√				

6.1　第一届全国大学生结构设计竞赛

赛题：高层建筑结构

地点：浙江大学

时间：2005 年 6 月

赏析：本次赛题考察高层建筑的结构设计，可让学生感知高层建筑结构的各种形式，除了静荷载加载，还施加了水平冲击荷载，这无疑推动了同学们对结构动力学的理解与应用，东南大学大胆尝试采用了蒙皮结构，见图 6-3、图 6-4。另外出现了一些平面结构，这些结构虽然符合赛题要求，但不符合实际结构要求，而正是这些有益的讨论，促使着结构竞赛向规范化、专业化发展。加载现场及部分获奖作品见图 6-1 ~ 图 6-7。

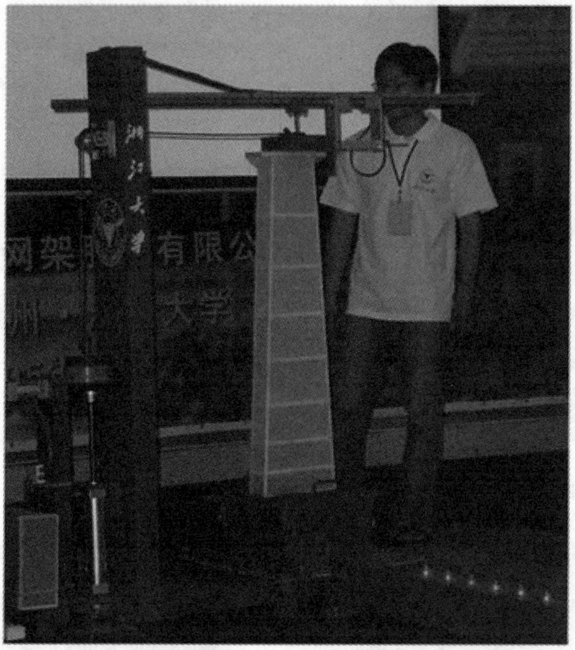

图 6-1　加载现场

图 6-2　特等奖——浙江大学

图 6-3　一等奖——东南大学

图 6-4　一等奖——东南大学

图 6-5　一等奖——同济大学

图 6-6　一等奖——上海交通大学

图 6-7　一等奖——同济大学

6.2　第二届全国大学生结构设计竞赛

赛题：两跨双车道桥梁结构

地点：大连理工大学

时间：2008 年 11 月

赏析：本次赛题考察大跨桥梁的结构设计，移动小车竖向加载有益于同学们对“影响线”知识的理解。本次竞赛中与弯矩图类似的鱼腹式桥表现突出。加载现场及部分获奖作品见图 6-8 ~ 图 6-14。

图 6-8　加载现场

图 6-9　特等奖——浙江师范大学

图 6-10　一等奖——上海交通大学

图 6-11　一等奖——浙江大学

图 6-12　一等奖——大连理工大学

图 6-13　一等奖——武汉大学

图 6-14　一等奖——华南理工大学

6.3　第三届全国大学生结构设计竞赛

赛题：木结构风力发电塔结构

地点：同济大学

时间：2009 年 11 月

赏析：本次赛题考察高耸结构的设计与风力发电相关知识，除了传统的建筑结构知识，流体力学的内容也纳入进来，对学生的综合能力要求更高。加载现场及部分获奖作品见图 6-15 ~ 图 6-23。

图 6-15　加载现场

图 6-16　特等奖——西南交通大学

图 6-17　特等奖——湖南大学

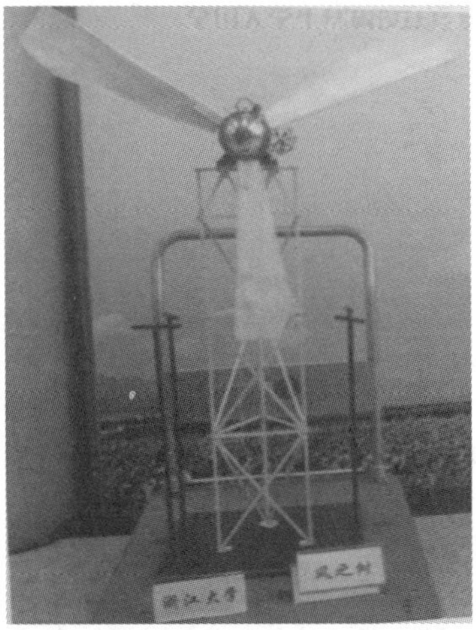

图 6-18　一等奖——浙江大学

图 6-19　一等奖——上海交通大学

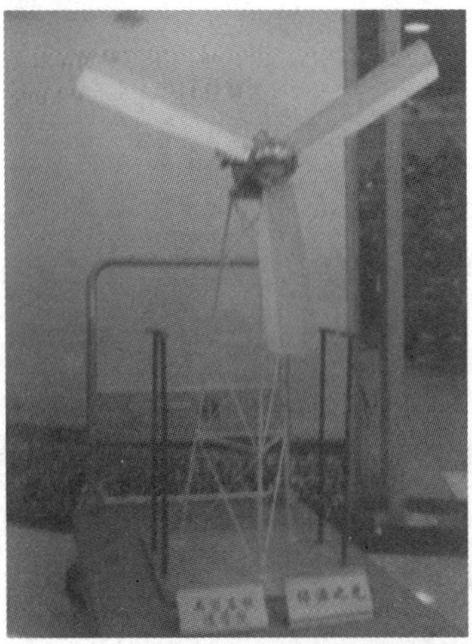

图 6-20　一等奖——石家庄铁道大学

图 6-21　一等奖——大连理工大学

图 6-22　一等奖——清华大学

图 6-23　一等奖——内蒙古科技大学

6.4　第四届全国大学生结构设计竞赛

赛题：体育场悬挑屋盖结构

地点：哈尔滨工业大学

时间：2010 年 11 月

赏析：本次赛题考察大跨悬挑结构的设计，考察空间结构设计。除了竖向静荷载，水平风力加载对同学们理解风荷载对结构的影响有益，尽管吹出的风比较简单，不能完全模拟实际情况。加载装置及部分获奖作品见图 6-24～图 6-35。

图 6-24　加载装置

图 6-25　加载现场

图 6-26　特等奖——哈尔滨工业大学一队

图 6-27　一等奖——东南大学

图 6-28　一等奖——厦门理工学院

图 6-29　一等奖——华侨大学

图 6-30　一等奖——上海交通大学

图 6-31　一等奖——重庆大学

图 6-32　一等奖——浙江大学宁波理工学院

图 6-33　一等奖——北京交通大学

图 6-34　一等奖——大连理工大学

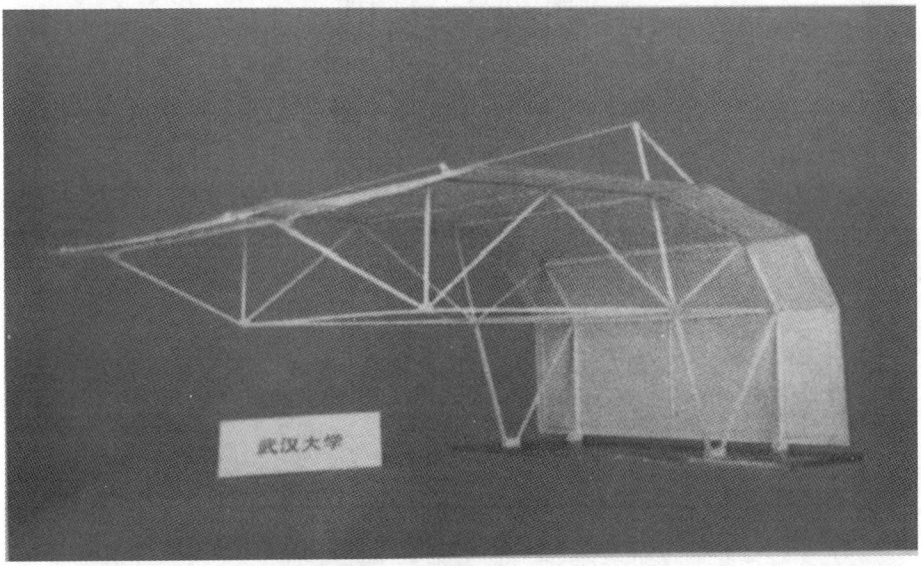

图 6-35　一等奖——武汉大学

6.5　第五届全国大学生结构设计竞赛

赛题：带屋顶水箱的竹制多层房屋结构

地点：东南大学

时间：2011 年 10 月

赏析：本次赛题考察地震作用下高层结构设计，首次引入模拟地震输入（一个水平方向）。赛题有助于学生直观地感受地震作用对结构的影响及结构动力学相关知识的理解。加载装置、模拟地震波、加载现场及部分获奖作品见图 6-36 ~ 图 6-47。

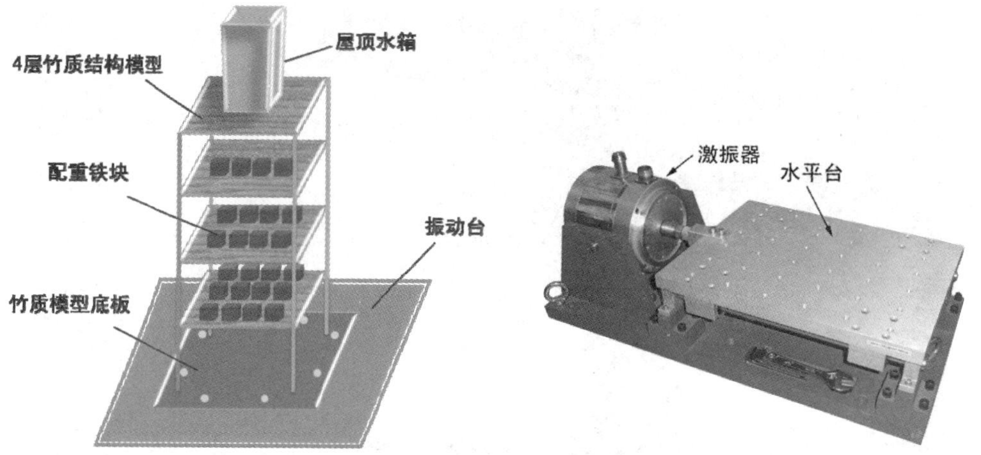

图 6-36　加载装置

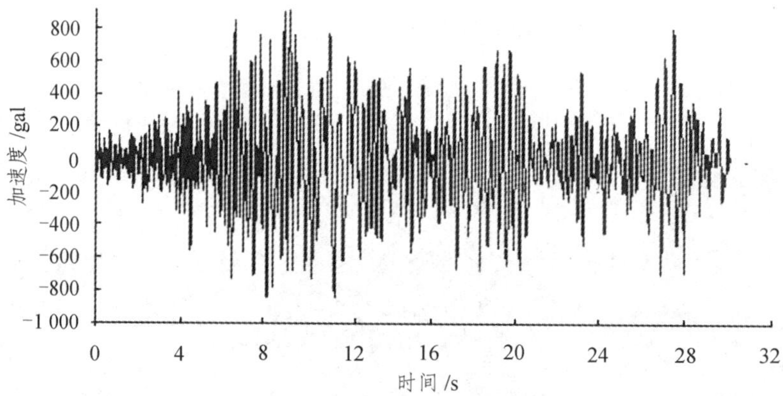

图 6-37　加载输入的模拟地震波

图 6-38　加载现场

图 6-39　特等奖——西南交通大学

图 6-40　一等奖——上海交通大学

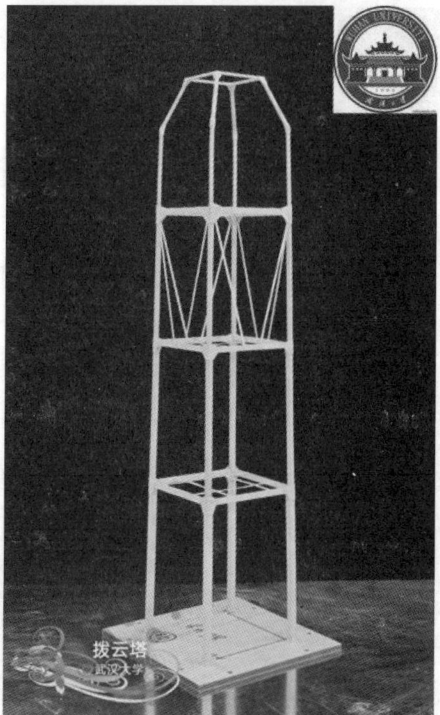

图 6-41　一等奖——武汉大学

图 6-42　一等奖——东南大学 2 队

图 6-43　一等奖——东南大学 1 队

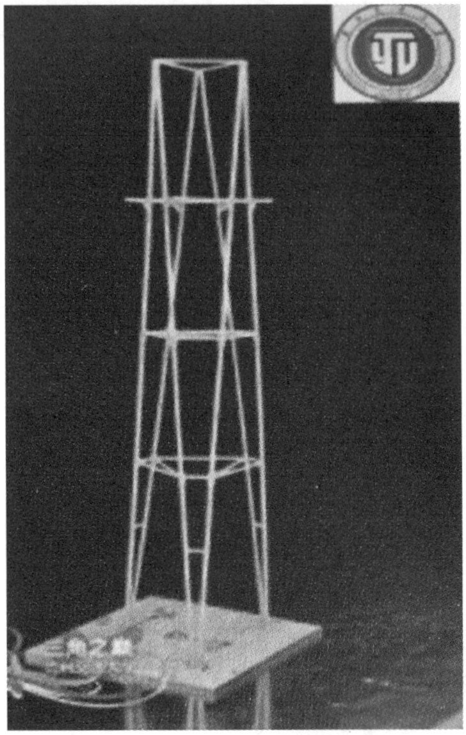

图 6-44　一等奖——兰州交通大学

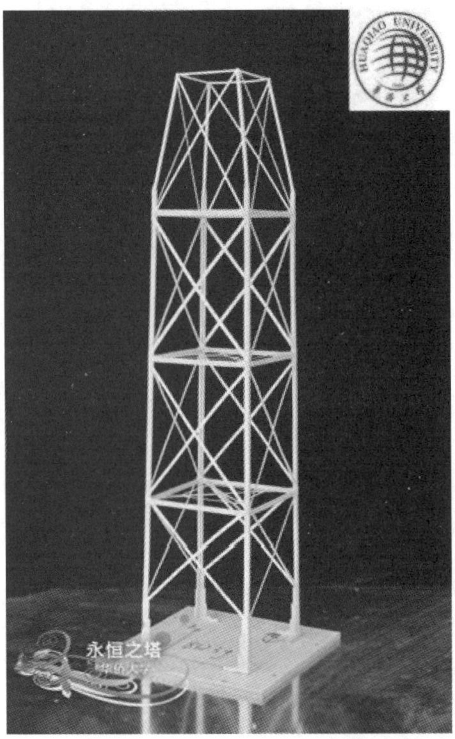

图 6-45　一等奖——华侨大学

图 6-46　一等奖——华南理工大学

图 6-47　一等奖——北京交通大学

6.6　第六届全国大学生结构设计竞赛

赛题：竹制多层吊脚楼建筑结构

地点：重庆大学

时间：2010 年 10 月

赏析：本次赛题模拟泥石流对高层结构的侧向冲击，使防灾减灾的思想进一步得到传播。加载现场及部分获奖作品见图 6-48 ~ 图 6-58。

图 6-48　加载现场

图 6-49　特等奖——重庆大学 A 组

图 6-50 一等奖——内蒙古科技大学

图 6-51　一等奖——厦门理工学院

图 6-52　一等奖——重庆大学 B 组

图 6-53　一等奖——宁波大学

图 6-54　一等奖——华南理工大学

图 6-55　一等奖——西南交通大学（峨眉校区）

图 6-56　一等奖——武汉大学

图 6-57　一等奖——长安大学

图 6-58　一等奖——上海交通大学

6.7　第七届全国大学生结构设计竞赛

赛题：竹高跷结构

地点：湖南大学

时间：2013 年 11 月

赏析：本次赛题为制作高跷，由选手穿上高跷行走，对模型的强度和刚度要求较高。本届比赛未保留模型照片，比赛现场见图 6-59、图 6-60。

图 6-59　比赛现场（一）

图 6-60　比赛现场（二）

6.8　第八届全国大学生结构设计竞赛

赛题：三重檐攒尖顶仿古楼阁结构

地点：长安大学

时间：2014 年 9 月

赏析：本次赛题为地震作用下古建筑结构设计，融入了传统文化和文物古迹保护的思想。模型原型、加载装置、加载现场和部分获奖作品见图 6-61 ~ 图 6-73。

图 6-61　模型原型

图 6-62　模型与加载装置

图 6-63　加载现场

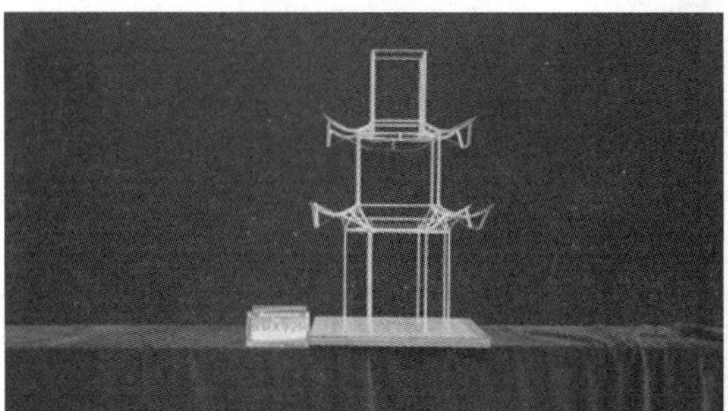

图 6-64　特等奖——长安大学 2 队

图 6-65　一等奖——吉首大学

图 6-66　一等奖——长沙理工大学

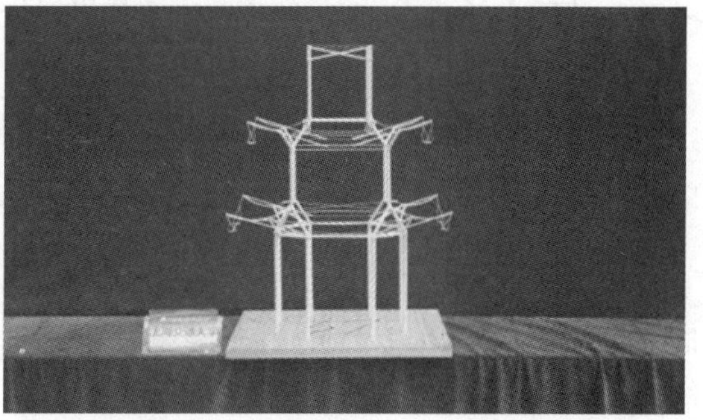

图 6-67　一等奖——上海交通大学

图 6-68　一等奖——苏州科技学院

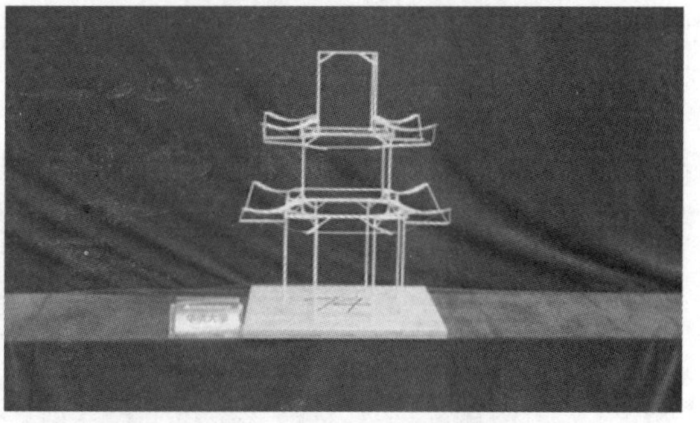

图 6-69　一等奖——华侨大学

图 6-70　一等奖——湖州职业技术学院

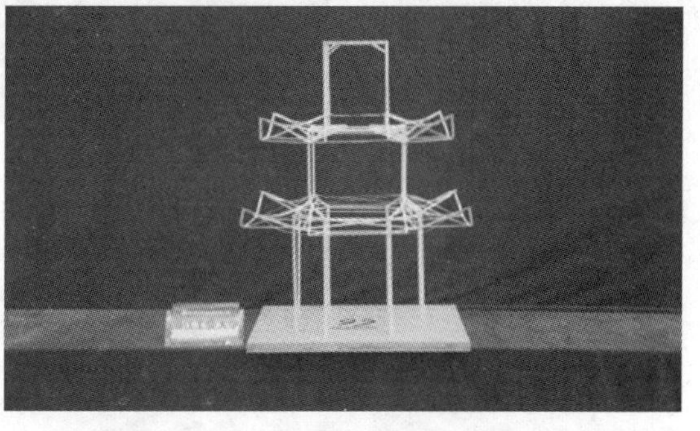

图 6-71　一等奖——浙江工业大学

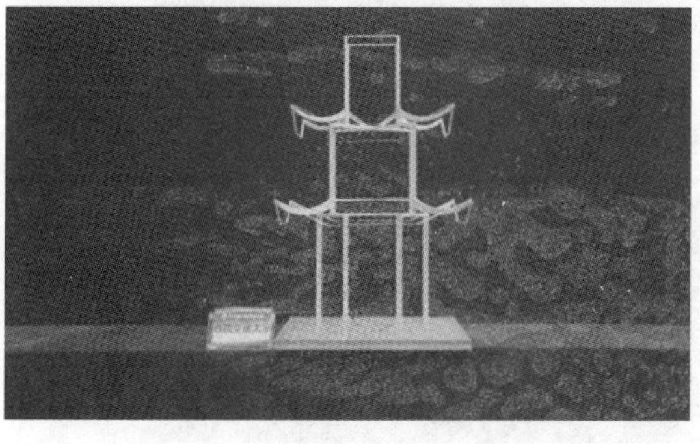

图 6-72　一等奖——西南交通大学

图 6-73　一等奖——安徽建筑大学

6.9 第九届全国大学生结构设计竞赛

赛题：山地桥梁结构与3D打印装配

地点：昆明理工大学

时间：2015年10月

赏析：本次赛题为遥控小车移动荷载下的大跨度桥梁结构设计，融入了抗日战争胜利70周年的爱国历史主题和3D打印技术装配式结构的思想。加载现场及部分获奖作品见图6-74～图6-85。

图 6-74 加载现场

图 6-75 特等奖——河海大学

图 6-76　一等奖——昆明理工大学 2 队

图 6-77　一等奖——华侨大学

图 6-78　一等奖——上海交通大学

图 6-79　一等奖——长沙理工大学

图 6-80　一等奖——湖北工业大学

图 6-81　一等奖——华南理工大学

图 6-82　一等奖——华中科技大学

图 6-83　一等奖——西南交通大学

图 6-84　一等奖——安徽理工大学

图 6-85　一等奖——重庆交通大学

6.10　第十届全国大学生结构设计竞赛

赛题：大跨度屋盖结构

地点：天津大学

时间：2016 年 10 月

赏析：近年来体育场馆、会议展览馆、机场航站楼等社会公共建筑的大量建设，给我国大跨度结构的进一步发展带来了良好契机。本次赛题针对大跨度屋盖结构承受竖向荷载进行设计。加载示意图及部分获奖作品见图 6-86 ~ 图 6-101。

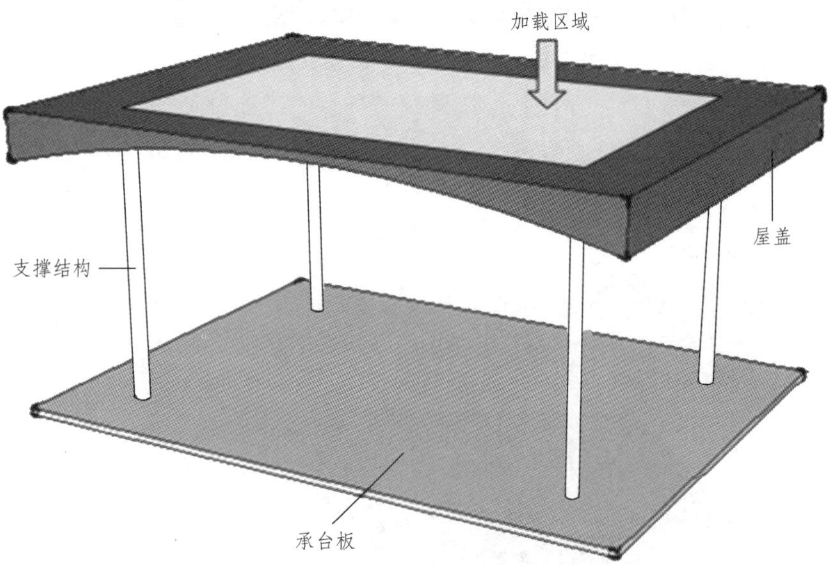

图 6-86　加载示意图

图 6-87　特等奖——长沙理工大学

图 6-88　一等奖——湖州职业技术学院

图 6-89　一等奖——吉首大学

图 6-90　一等奖——哈尔滨工业大学

图 6-91　一等奖——宁波工程学院

图 6-92　一等奖——中国矿业大学

图 6-93　一等奖——西南交通大学（峨眉校区）

图 6-94　一等奖——华南理工大学

图 6-95　一等奖——西南交通大学

图 6-96　一等奖——西南林业大学

图 6-97　一等奖——阳光学院

图 6-98　一等奖——厦门理工学院

图 6-99　一等奖——解放军理工大学

图 6-100　一等奖——浙江大学

图 6-101　一等奖——东南大学

6.11 第十一届全国大学生结构设计竞赛

赛题：渡槽支承系统结构设计与制作

地点：武汉大学

时间：2017 年 10 月

赏析：本次赛题考察大跨度结构竖向承载。加载装置及部分获奖作品见图 6-102 ~ 图 6-113。前两名的队伍均采用斜拉条（见图 6-103、图 6-104），图 4-15 日本的拉索结构不正是如此吗？上海交大、哈工大等参赛作品把加载管道和结构融为一体，令人拍案叫绝（见图 6-105、图 6-106）。

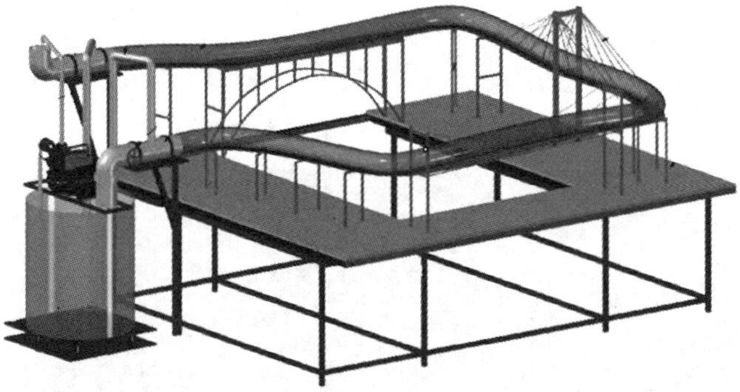

图 6-102　加载装置

图 6-103　一等奖——长沙理工大学城南学院

图 6-104　一等奖——长沙理工大学

图 6-105　一等奖——上海交通大学

图 6-106　一等奖——哈尔滨工业大学

图 6-107　一等奖——昆明理工大学

图 6-108　一等奖兼最佳制作奖——浙江大学

图 6-109　一等奖——深圳大学

图 6-110　一等奖——华中科技大学

图 6-111　一等奖——东北林业大学

图 6-112　一等奖——西南交通大学（峨眉校区）

图 6-113　一等奖——湖北工业大学

6.12　第十二届全国大学生结构设计竞赛

赛题：承受多荷载工况的大跨度空间结构模型设计与制作

地点：华南理工大学

时间：2018 年 11 月

赏析：本次赛题要求制作大跨度空间结构，在八个加载点承受竖向和水平荷载，加载装置见图 6-114。空间结构如双层网壳的制作较为繁琐，将结构化繁为简是一个不错的选择，如简化为两个交叉的桁架拱或者一个桁架拱配合悬挑桁架和落地拉条。图 6-115 为西南林业大学初步设计的模型，左右方向的桁架拱为主结构，在主结构外的加载点配置悬挑桁架和落地拉条，落地拉条用以平衡荷载以防结构倾覆，如图中采用两个落地拉条，也可以在主结构外的加载点对称布置多个拉条（如 6 个），类似图 4-15。本方案仅供参考，旨在抛砖引玉，以赛会友、共同提高才是竞赛的最终目的。

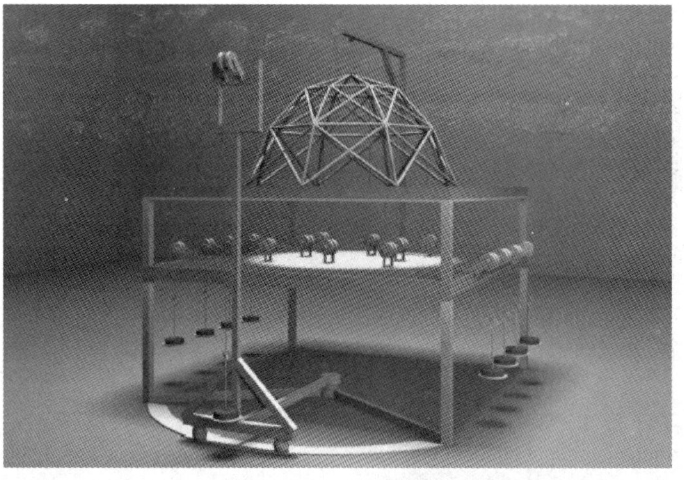

图 6-114　加载装置

图 6-115　西南林业大学初步设计模型

第 7 讲　历届竞赛成绩统计分析

7.1　历届全国竞赛获奖名单

历届全国竞赛获奖名单见表 7-1 ~ 表 7-11（截至 2018 年 3 月）。

表 7-1　第一届全国大学生结构设计竞赛获奖名单（浙江大学，2005）

奖　项	获奖名单
特等奖	浙江大学
一等奖	东南大学 1 队、东南大学 2 队、同济大学 1 队、上海交通大学、同济大学 2 队
二等奖	湖南大学 1 队、浙江大学、西南交通大学、华中科技大学 1 队、华侨大学、河海大学、南京工业大学、大连理工大学、湖南大学 2 队、华中科技大学 2 队
三等奖	华侨大学、大连理工大学、南京工业大学、三峡大学、武汉大学 1 队、哈尔滨工业大学 1 队、西安建筑科技大学 1 队、西安建筑科技大学 2 队、哈尔滨工业大学 2 队、武汉大学 2 队、上海交通大学、石家庄铁道大学、北京交通大学、武汉理工大学、北京工业大学
最佳创意奖	沈阳建筑大学
最佳制作奖	天津大学
优秀组织奖	浙江大学、清华大学、华南理工大学、重庆大学、兰州交通大学、长安大学

表 7-2　第二届全国大学生结构设计竞赛获奖名单（大连理工大学，2008）

奖　项	获奖名单
特等奖	浙江师范大学
一等奖	上海交通大学、浙江大学、大连理工大学、武汉大学、华南理工大学
二等奖	大连理工大学、同济大学、华侨大学、南京工业大学、沈阳建筑大学、三峡大学、华中科技大学、内蒙古科技大学、山东建筑大学、哈尔滨工程大学、东南大学、武汉理工大学
三等奖	西安建筑科技大学、石家庄铁道大学、广西大学、北京交通大学、湖南大学、长安大学、哈尔滨工业大学、苏州科技学院、中南大学、郑州大学、四川大学、河海大学、天津大学、中国矿业大学
最佳创意奖	哈尔滨工业大学
最佳制作奖	清华大学
优秀组织奖	浙江师范大学、上海交通大学、浙江大学、大连理工大学、武汉大学、华南理工大学、同济大学、东南大学、华侨大学、澳门大学

表 7-3　第三届全国大学生结构设计竞赛获奖名单（同济大学，2009）

奖　项	获奖名单
特等奖	西南交通大学、湖南大学
一等奖	浙江大学、上海交通大学、石家庄铁道大学、大连理工大学、清华大学、内蒙古科技大学
二等奖	同济大学 1 队、华侨大学、长安大学、华南理工大学、温州大学、东南大学、西藏农牧学院、沈阳建筑大学、同济大学 2 队、西安建筑科技大学、兰州交通大学、厦门大学
三等奖	昆明理工大学、河海大学、三峡大学、哈尔滨工业大学、哈尔滨工程大学、山东大学、山东建筑大学、青岛理工大学、河北工业大学、安徽建筑大学、华北水利水电大学、武汉理工大学、重庆交通大学、苏州科技学院、中国矿业大学、中南大学、四川大学、福州大学
最佳创意奖	西藏农牧学院
最佳制作奖	西安建筑科技大学
优秀组织奖	同济大学、西藏农牧学院、海南大学、香港中文大学、哈尔滨工业大学、浙江大学、湖南大学、东南大学、大连理工大学、西南交通大学

表 7-4　第四届全国大学生结构设计竞赛获奖名单（哈尔滨工业大学，2010）

奖　项	获奖名单
特等奖	哈尔滨工业大学 1 队
一等奖	东南大学、厦门理工学院、华侨大学、上海交通大学、重庆大学、浙江大学宁波理工学院、北京交通大学、大连理工大学、武汉大学
二等奖	武汉理工大学、四川大学、西安建筑科技大学、长安大学、沈阳建筑大学、浙江工业大学、华南理工大学、北京工业大学、吉林建筑大学、兰州理工大学、山东科技大学、浙江大学、湖南大学、西南林业大学、石家庄铁道大学、哈尔滨工业大学（威海校区）
三等奖	昆明理工大学、长春工程学院、青岛理工大学、东北林业大学、兰州交通大学、延边大学、西安科技大学、西南交通大学、三峡大学、苏州科技学院、中国矿业大学、解放军理工大学、同济大学、安徽建筑大学、天津大学、河北工业大学、福州大学、天津城建大学、东北大学、宁夏大学、北京建筑大学、华北科技学院
最佳创意奖	哈尔滨工业大学 1 队
最佳制作奖	厦门理工学院
优秀组织奖	长安大学、清华大学、长沙理工大学、沈阳建筑大学、重庆大学、天津大学、东南大学、同济大学、哈尔滨工业大学、武汉大学、解放军理工大学、西藏农牧学院、昆明理工大学、香港理工大学、浙江大学

表 7-5 第五届全国大学生结构设计竞赛获奖名单（东南大学，2011）

奖 项	获奖名单
特等奖	西南交通大学
一等奖	上海交通大学、武汉大学、东南大学2队、东南大学1队、兰州交通大学、华侨大学、华南理工大学、北京交通大学
二等奖	昆明理工大学、湖南大学、兰州理工大学、福州大学、浙江大学、浙江工业大学、清华大学、长安大学、青岛理工大学、华中科技大学、绍兴文理学院、北京工业大学、吉林大学、哈尔滨工业大学、重庆大学、四川大学
三等奖	东北大学、西安建筑科技大学、安徽建筑大学、厦门理工学院、石家庄铁道大学、西安科技大学、山东建筑大学、沈阳建筑大学、南京工业大学、哈尔滨工业大学（威海校区）、解放军理工大学、哈尔滨工程大学、宁夏大学、吉林建筑大学、广州大学、东北林业大学、三峡大学、重庆交通大学、中南大学、北京建筑大学、长春工程学院、北京航空航天大学
优秀奖	河北工业大学、南京航空航天大学、华北科技学院、西安交通大学、山东大学、中国矿业大学、合肥工业大学、天津城建大学、河海大学、南京林业大学、太原理工大学、海南大学、郑州大学、大连理工大学、天津大学、南昌大学、内蒙古科技大学、新疆大学、同济大学、武汉理工大学、昆明学院、苏州科技学院
最佳创意奖	东南大学2队
最佳制作奖	长沙理工大学
优秀组织奖	东南大学、重庆大学、西南交通大学、海南大学、浙江大学、合肥工业大学、新疆大学、河北工业大学、宁夏大学、湖南大学、哈尔滨工业大学、澳门大学、昆明理工大学、清华大学、上海交通大学、华南理工大学
特邀高校奖	田纳西大学、名城大学、台湾大学、澳门大学

表 7-6 第六届全国大学生结构设计竞赛获奖名单（重庆大学，2012）

奖 项	获奖名单
特等奖	重庆大学A组
一等奖	内蒙古科技大学、厦门理工学院、重庆大学B组、宁波大学、华南理工大学、西南交通大学（峨眉校区）、武汉大学、长安大学、上海交通大学
二等奖	浙江大学、哈尔滨工程大学、昆明理工大学、吉林大学、云南大学、兰州理工大学、湖南大学、东北大学、华侨大学、青岛理工大学、四川大学、南京航空航天大学、华中科技大学、东南大学、哈尔滨工业大学
三等奖	哈尔滨工业大学（威海校区）、沈阳建筑大学、合肥工业大学、北京理工大学、大连理工大学、大连海洋大学、西安建筑科技大学、太原理工大学、新疆大学、广西科技大学、石河子大学、河北工业大学、山东建筑大学、华北水利水电学院、同济大学、西南科技大学、广州大学、云南农业大学、苏州科技学院、解放军理工大学、福州大学、华北科技学院、天津城建大学、西南交通大学、东北林业大学、清华大学、重庆交通大学、延边大学

续表

奖项	获奖名单
优秀奖	南京林业大学、石家庄铁道大学、浙江科技学院、中南大学、暨南大学、中国矿业大学、西安理工大学、广西大学、三峡大学、天津大学、西南大学、内蒙古工业大学、燕山大学、南昌大学、南京工业大学、黑龙江工程学院、重庆大学（虎溪校区）、重庆科技学院、武汉理工大学、浙江工业大学、北京交通大学、山东大学、北京建筑大学、兰州交通大学、辽宁工程技术大学、长沙理工大学、西安科技大学、山东交通学院、吉林建筑工程学院、河海大学、桂林理工大学、北京工业大学
最佳创意奖	华北水利水电大学
最佳制作奖	大连理工大学
优秀组织奖	重庆大学、东南大学、湖南大学、新疆大学、内蒙古科技大学、厦门理工学院、宁波大学、华南理工大学、武汉大学、东北林业大学、解放军理工大学、西安建筑科技大学、同济大学、西南交通大学、北京建筑大学
特邀高校奖	澳门大学

表 7-7　第七届全国大学生结构设计竞赛获奖名单（湖南大学，2013）

奖项	获奖名单
特等奖	武汉大学
一等奖	西南交通大学、浙江工业大学、湖南大学 A 组、西南交通大学（峨眉校区）、上海交通大学、华南理工大学、山东交通学院、兰州理工大学、同济大学、天津城建大学
二等奖	聊城大学、华中科技大学、广东工业大学、云南大学、湖北工业大学、浙江建设职业技术学院、重庆大学、宁波工程学院、三峡大学、华侨大学、解放军理工大学、长沙理工大学、长安大学、苏州科技学院、山东大学、兰州交通大学、重庆交通大学、西南科技大学
三等奖	大连海洋大学、暨南大学、吉林大学、燕山大学、哈尔滨工程大学、大连交通大学、武汉理工大学、潍坊学院、福州大学、西安建筑科技大学、宁夏大学、沈阳建筑大学、哈尔滨工业大学（威海校区）、内蒙古科技大学、东北大学、桂林理工大学、太原理工大学、南京航空航天大学、广西大学、湖南大学 B 组、昆明理工大学、长春工程学院、重庆科技学院、西安理工大学、广西科技大学、华北水利水电大学、合肥工业大学、石家庄铁道大学、山东建筑大学、宁波大学
最佳创意奖	哈尔滨工业大学
最佳制作奖	重庆交通大学
优秀组织奖	湖南大学、哈尔滨工业大学、重庆大学、长安大学、澳门大学、武汉大学、浙江大学、大连理工大学、西南交通大学、解放军理工大学、同济大学、天津城建大学、华南理工大学、清华大学、宁夏大学
特邀高校奖	美国南加州大学、澳门大学

表 7-8　第八届全国大学生结构设计竞赛获奖名单（长安大学，2014）

奖　项	获奖名单
特等奖	长安大学
一等奖	吉首大学、长沙理工大学、上海交通大学、苏州科技学院、华侨大学、湖州职业技术学院、浙江工业大学、西南交通大学、安徽建筑大学、云南大学
二等奖	山东建筑大学、南京工业大学、长安大学1队、湖南大学、兰州理工大学、广西大学、昆明理工大学、中国矿业大学、三峡大学、西南科技大学、重庆交通大学、西南交通大学（峨眉校区）、昆明学院、重庆大学、北京交通大学、东北大学、新疆大学、吉林大学、浙江科技学院、宁波大学
三等奖	桂林理工大学、河海大学、东北林业大学、福州大学、内蒙古工业大学、石家庄铁道大学、天津大学、福建农林大学、重庆科技学院、内蒙古科技大学、大连理工大学、湖北工业大学、聊城大学、西安建筑科技大学（华清学院）、安徽理工大学、广西科技大学、河北工业大学、河北建筑工程学院、兰州大学、四川大学、哈尔滨工业大学、沈阳建筑大学、山东交通学院、华南理工大学、西安理工大学、燕山大学、大连交通大学、华北科技学院、武汉大学、长春工程学院、哈尔滨工业大学（威海校区）、暨南大学
优秀奖	石河子大学、华北水利水电大学、广州大学、兰州交通大学、东南大学、南京航空航天大学、吉林建筑大学、武汉理工大学、浙江师范大学、合肥工业大学、西安科技大学、南宁职业技术学院、哈尔滨工程大学、成都理工大学、海南大学、盐城工学院、解放军理工大学、安阳工学院、青岛理工大学、山东大学、南京林业大学、北京工业大学、内蒙古农业大学、北京建筑大学、北京理工大学、宁夏大学、天津城建大学、西安建筑科技大学、清华大学、浙江大学、太原理工大学、青岛理工大学（临沂校区）、南昌大学、华中科技大学、同济大学、中南大学、郑州大学、西安交通大学、青海大学
最佳创意奖	湖州职业技术学院
最佳制作奖	长安大学1队
优秀组织奖	长安大学、湖南大学、昆明理工大学、浙江大学、天津大学、新疆大学、西安建筑科技大学、兰州理工大学、云南大学、重庆大学、西南交通大学、哈尔滨工业大学、内蒙古工业大学、北京建筑大学、天津城建大学、武汉大学、解放军理工大学、郑州大学、吉首大学、华南理工大学

表 7-9　第九届全国大学生结构设计竞赛获奖名单（昆明理工大学，2015）

奖　项	获奖名单
特等奖	河海大学
一等奖	昆明理工大学2队、华侨大学、上海交通大学、长沙理工大学、湖北工业大学、华南理工大学、华中科技大学、西南交通大学、安徽理工大学、重庆交通大学
二等奖	湖南大学、合肥工业大学、福州大学、重庆科技学院、厦门大学、南京航空航天大学、兰州大学、东北林业大学、内蒙古科技大学、长安大学、浙江工业大学、青岛理工大学、福建工程学院、内蒙古工业大学、桂林理工大学、广东工业大学、西安科技大学、天津城建大学、西南交通大学（峨眉校区）、湖南科技大学、南京林业大学、昆明学院、宁波大学

续表

奖 项	获奖名单
三等奖	内蒙古农业大学、东南大学、云南农业大学、广州大学、海南大学、南昌大学、大连海洋大学、华东交通大学、东北大学、昆明理工大学1队、盐城工学院、清华大学、吉林建筑大学、武汉大学、青岛理工大学（临沂校区）、苏州科技学院、中南大学、广西大学、武汉理工大学、山西大学、兰州交通大学、暨南大学、哈尔滨工业大学、三峡大学、山东建筑大学、华北水利水电大学、宁波工程学院、同济大学、兰州理工大学、山东大学、吉林大学、聊城大学、广西科技大学、重庆大学
最佳创意奖	安徽理工大学
最佳制作奖	华侨大学
优秀组织奖	昆明理工大学、浙江大学、天津大学、长安大学、武汉大学、大连理工大学、天津城建大学、上海交通大学、东南大学、广东工业大学、华南理工大学、长沙理工大学、郑州大学、西南交通大学、重庆交通大学、西安建筑科技大学、新疆大学、哈尔滨工业大学、清华大学、河海大学
特邀高校奖	香港城市大学

表 7-10 第十届全国大学生结构设计竞赛获奖名单（天津大学，2016）

奖 项	获奖名单
特等奖	长沙理工大学
一等奖	湖州职业技术学院、吉首大学、哈尔滨工业大学、宁波工程学院、中国矿业大学、西南交通大学（峨眉校区）、华南理工大学、西南交通大学、西南林业大学、阳光学院、厦门理工学院、解放军理工大学、浙江大学、东南大学
二等奖	广西大学、内蒙古科技大学、福州大学、山东大学、西安建筑科技大学、兰州大学、三峡大学、湖北工业大学、澳门大学、广东工业大学、山东建筑大学、中南林业科技大学、安徽理工大学、重庆大学、福建工程学院、沈阳建筑大学、北京交通大学、厦门大学、聊城大学、武汉轻工大学、绍兴文理学院元培学院、宁波大学、南宁职业技术学院、四川农业大学、山东交通学院、苏州科技大学
三等奖	武汉理工大学、河海大学、南京工业大学、清华大学、西安科技大学、重庆交通大学、南京航空航天大学、合肥工业大学、北京科技大学、华东交通大学、东北林业大学、广州大学、天津大学2队、内蒙古工业大学、华中科技大学、河北工业大学、吉林大学、同济大学、河南工业大学、河北建筑工程学院、盐城工学院、哈尔滨工业大学（威海校区）、浙江工业大学、华北水利水电大学、上海交通大学、重庆科技学院、黑龙江工程学院、西南科技大学、华侨大学、长春工程学院、太原理工大学、武昌首义学院、西安理工大学、天津城建大学、大连理工大学、烟台大学、暨南大学、桂林理工大学、吉林建筑大学
最佳创意奖	天津城建大学
最佳制作奖	武汉大学
优秀组织奖	浙江大学、大连理工大学、同济大学、哈尔滨工业大学、东南大学、重庆大学、湖南大学、长安大学、天津大学、华南理工大学、清华大学、昆明理工大学、武汉大学、沈阳建筑大学、长春建筑学院、天津城建大学、北京建筑大学、华东交通大学、厦门大学、宁波大学、长沙理工大学、广州大学、西南林业大学、西藏大学、内蒙古工业大学

续表

奖　项	获奖名单
优秀奖	华北科技学院、兰州理工大学、青岛理工大学、青海大学、西南石油大学、北京建筑大学、石家庄铁道大学、长春建筑学院、湖南大学、南京理工大学、海南大学、郑州大学、潍坊学院、兰州交通大学、金陵科技学院、昆明理工大学、天津大学 1 队、山西大学、四川大学、山东科技大学、安阳工学院、青海民族大学、汕头大学、广西科技大学、安徽建筑大学、西藏大学、唐山学院、南昌大学、北京工业大学、成都理工大学、扬州大学、南京林业大学、武汉大学、北京理工大学、沈阳大学、哈尔滨工程大学、中南大学、长安大学、长江大学、浙江科技学院、桂林电子科技大学、东北大学、西安交通大学、新疆大学、青岛理工大学（临沂校区）

表 7-11　第十一届全国大学生结构设计竞赛获奖名单（武汉大学，2017）

奖　项	获奖名单
特等奖	空缺
一等奖	长沙理工大学城南学院、长沙理工大学、上海交通大学、哈尔滨工业大学、昆明理工大学、浙江大学、深圳大学、华中科技大学、东北林业大学、西南交通大学（峨眉校区）、湖北工业大学
二等奖	河南城建学院、重庆大学、河北工程技术学院、湖北工业大学工程技术学院、合肥工业大学、青海民族大学、兰州交通大学、信阳学院、中国矿业大学、福州大学、南京航空航天大学、黑龙江工程学院、宁波工程学院、武汉轻工大学、安徽理工大学、聊城大学、浙江树人大学、内蒙古科技大学、西南科技大学、沈阳城市建设学院、云南农业大学、中国矿业大学徐海学院
三等奖	大连理工大学、淮阴工学院、厦门大学、潍坊学院、海口经济学院、新疆大学、北京科技大学、长江师范学院、内蒙古工业大学、山东科技大学、重庆科技学院、西藏农牧学院、宁夏大学、长沙学院、太原理工大学、澳门大学、南昌航空大学、长春建筑学院、宜春学院、华北水利水电大学、沈阳建筑大学、白城师范学院、台州学院、西安交通大学城市学院、天津大学、滨州学院、江苏科技大学苏州理工学院、桂林理工大学、河南大学、浙江工业大学、哈尔滨学院、武汉大学 2 队
优秀奖	大连海洋大学、河海大学、石家庄铁道大学、东南大学、河北建筑工程学院、浙江工业职业技术学院、华东交通大学、华南理工大学、青岛理工大学、武汉华夏理工学院、西安理工大学、西安建筑科技大学、湖南科技大学、吕梁学院、河北工业大学、新疆农业大学、长安大学、黄山学院、安徽工业大学、长春工程学院、北京建筑大学、苏州科技大学、武夷学院、西南交通大学、桂林理工大学南宁分校、佛山科学技术学院、广东工业大学、西京学院、云南大学、北京航空航天大学、清华大学、天津城建大学、同济大学、武夷学院海峡成功学院、上海应用技术大学、北京工业大学、贺州学院、华侨大学、湖南大学、暨南大学、兰州大学、贵州大学
最佳创意奖	武汉大学 1 队
最佳制作奖	浙江大学
优秀组织奖	武汉大学、天津大学、华南理工大学、浙江大学、西安建筑科技大学、广东工业大学、西藏农牧学院、西京学院、河南城建学院、湖北工业大学、哈尔滨工业大学、新疆大学、西南交通大学（峨眉校区）、深圳大学、华中科技大学、华东交通大学、青海民族大学、长沙理工大学城南学院、昆明理工大学、东北林业大学、重庆大学、同济大学、北京建筑大学

7.2 历届全国竞赛奖项设置统计

历届全国竞赛奖项设置见表 7-12（截至 2018 年 3 月）。

表 7-12　历届全国竞赛奖项设置统计

届次	比赛地点	参赛队伍总数	特等奖			一等奖		二等奖		三等奖		优秀奖		优秀组织奖	
			数量	比例	获奖学校	数量	比例	数量	比例	数量	比例	数量	比例	数量	比例
1	浙江大学	51	1	2.0%	浙江大学	5	9.8%	10	19.6%	15	29.4%	0	0	6	11.8%
2	大连理工大学	47	1	2.1%	浙江师范大学	5	10.6%	12	25.5%	14	29.8%	0	0	10	21.3%
3	同济大学	59	2	3.4%	西南交通大学 湖南大学	6	10.2%	12	20.3%	18	30.5%	0	0	10	16.9%
4	哈尔滨工业大学	71	1	1.4%	哈尔滨工业大学	9	12.7%	16	22.5%	22	31.0%	0	0	15	21.1%
5	东南大学	74	1	1.4%	西南交通大学	8	10.8%	16	21.6%	22	29.7%	24	32.4%	15	20.3%
6	重庆大学	86	1	1.2%	重庆大学	9	10.5%	16	18.6%	26	30.2%	32	37.2%	15	17.4%
7	湖南大学	96	1	1.0%	武汉大学	10	10.4%	18	18.8%	30	31.3%	0	0	15	15.6%
8	长安大学	102	1	1.0%	长安大学	10	9.8%	20	19.6%	32	31.4%	39	38.2%	20	19.6%
9	昆明理工大学	110	1	0.9%	河海大学	10	9.1%	23	20.9%	34	30.9%	0	0	19	17.3%
10	天津大学	125	1	0.8%	长沙理工大学	14	11.2%	26	20.8%	39	31.2%	44	35.2%	25	20.0%
11	武汉大学	108	0	0	空缺	11	10.2%	22	20.4%	32	29.6%	42	38.9%	23	21.3%
12	华南理工大学														

7.3　历届全国竞赛累计获奖统计

历届全国竞赛学校累计获奖情况见表 7-13（截至 2018 年 3 月）。

表 7-13　历届全国竞赛学校获奖统计表

序号	学　校	特等奖	一等奖	二等奖	三等奖	优秀奖	最佳创意奖	最佳制作奖	优秀组织奖
1	西南交通大学	2	4	1	2	1			6
2	浙江大学	1	4	4		1		1	10
3	武汉大学	1	4		5	1	1	1	8
4	长沙理工大学	1	3	1		1		1	3
5	重庆大学	1	2	5	1				8
6	哈尔滨工业大学	1	2	2	6		3		8
7	湖南大学	1	1	7	2	2			6
8	长安大学	1	1	6	1	2		1	6
9	河海大学	1		1	4	3			1
10	浙江师范大学	1				1			1
11	上海交通大学		10		2				3
12	东南大学		6	3	1	2	1		7
13	华南理工大学		6	2	1	1			9
14	华侨大学		4	5	2	1		1	1
15	西南交通大学（峨眉校区）		4	2					1
16	同济大学		3	3	4	3			7
17	大连理工大学		3	2	5	1		1	5
18	厦门理工学院		3		1			1	1
19	华中科技大学		2	6	1	1			1
20	内蒙古科技大学		2	4	2	1			1
21	昆明理工大学		2	3	4	1			6
22	浙江工业大学		2	3	2	1			
23	北京交通大学		2	2	2	1			
24	湖北工业大学		2	2	1				1
25	湖州职业技术学院		2				1		
26	吉首大学		2						1
27	兰州理工大学		1	4	1	1			1
28	兰州交通大学		1	3	2	3			1
29	宁波大学		1	3	1				2
30	重庆交通大学		1	2	4			1	1

续表

序号	学　校	特等奖	一等奖	二等奖	三等奖	优秀奖	最佳创意奖	最佳制作奖	优秀组织奖
31	中国矿业大学		1	2	3	2			
32	安徽理工大学		1	2	1		1		
33	宁波工程学院		1	2	1				
34	云南大学		1	2		1			1
35	石家庄铁道大学		1	1	5	3			
36	苏州科技学院		1	1	5	1			
37	东北林业大学		1	1	5				2
38	天津城建大学		1	1	3	3	1		4
39	清华大学		1	1	3	2		1	7
40	解放军理工大学		1	1	3	1			4
41	山东交通学院		1	1	1	1			
42	西南林业大学		1	1					1
43	安徽建筑大学		1		3	1			
44	深圳大学		1						1
45	长沙理工大学城南学院		1						1
46	浙江大学宁波理工学院		1						
47	阳光学院		1						
48	三峡大学			4	5	1			
49	沈阳建筑大学			4	5		1		2
50	福州大学			4	5				
51	西安建筑科技大学			3	6	2		1	4
52	山东建筑大学			3	5				
53	四川大学			3	3	1			
54	南京工业大学			3	3	1			
55	吉林大学			3	3				
56	青岛理工大学			3	2	3			
57	南京航空航天大学			3	2	2			
58	聊城大学			3	2				
59	西南科技大学			3	2				
60	厦门大学			3	1				1
61	广东工业大学			3		1			2
62	武汉理工大学			2	5	3			

续表

序号	学校	特等奖	一等奖	二等奖	三等奖	优秀奖	最佳创意奖	最佳制作奖	优秀组织奖
63	东北大学			2	4	1			
64	哈尔滨工程大学			2	3	2			
65	合肥工业大学			2	3	2			1
66	广西大学			2	3	1			
67	山东大学			2	2	3			
68	北京工业大学			2	1	4			
69	兰州大学			2	1	1			
70	昆明学院			2		1			
71	武汉轻工大学			2					
72	福建工程学院			2					
73	哈尔滨工业大学（威海校区）			1	5				
74	桂林理工大学			1	4	1			
75	重庆科技学院			1	4	1			
76	西安科技大学			1	3	2			
77	吉林建筑大学			1	3	1			
78	内蒙古工业大学			1	3	1			2
79	新疆大学			1	2	2			5
80	云南农业大学			1	2				
81	山东科技大学			1	1	1			
82	黑龙江工程学院			1	1	1			
83	西藏农牧学院			1	1		1		3
84	南京林业大学			1		4			
85	浙江科技学院			1		2			
86	青海民族大学			1		1			1
87	南宁职业技术学院			1		1			
88	湖南科技大学			1		1			
89	苏州科技大学			1		1			
90	澳门大学			1					3
91	温州大学			1					
92	绍兴文理学院			1					
93	浙江建设职业技术学院			1					

续表

序号	学 校	特等奖	一等奖	二等奖	三等奖	优秀奖	最佳创意奖	最佳制作奖	优秀组织奖
94	中南林业科技大学			1					
95	四川农业大学			1					
96	绍兴文理学院元培学院			1					
97	湖北工业大学工程技术学院			1					
98	沈阳城市建设学院			1					
99	信阳学院			1					
100	河北工程技术学院			1					
101	中国矿业大学徐海学院			1					
102	浙江树人大学			1					
103	河南城建学院			1					1
104	华北水利水电大学				6	1	1		
105	天津大学				5	3		1	5
106	河北工业大学				5	2			1
107	长春工程学院				5	1			
108	中南大学				4	3			
109	暨南大学				4	2			
110	太原理工大学				4	2			
111	宁夏大学				4	1			2
112	广西科技大学				4	1			
113	广州大学				4	1			1
114	西安理工大学				3	2			
115	华北科技学院				3	2			
116	大连海洋大学				3	1			
117	北京建筑大学				2	4			4
118	华东交通大学				2	1			2
119	燕山大学				2	1			
120	盐城工学院				2	1			
121	河北建筑工程学院				2	1			
122	潍坊学院				2	1			
123	延边大学				2				
124	北京科技大学				2				

续表

序号	学　校	特等奖	一等奖	二等奖	三等奖	优秀奖	最佳创意奖	最佳制作奖	优秀组织奖
125	大连交通大学				2				
126	南昌大学				1	4			
127	海南大学				1	3			2
128	郑州大学				1	3			2
129	青岛理工大学（临沂校区）				1	2			
130	北京理工大学				1	2			
131	长春建筑学院				1	1			1
132	内蒙古农业大学				1	1			
133	山西大学				1	1			
134	石河子大学				1	1			
135	北京航空航天大学				1	1			
136	南昌航空大学				1				
137	西安建筑科技大学（华清学院）				1				
138	福建农林大学				1				
139	河南工业大学				1				
140	武昌首义学院				1				
141	淮阴工学院				1				
142	海口经济学院				1				
143	长江师范学院				1				
144	烟台大学				1				
145	长沙学院				1				
146	白城师范学院				1				
147	台州学院				1				
148	宜春学院				1				
149	西安交通大学城市学院				1				
150	滨州学院				1				
151	江苏科技大学苏州理工学院				1				
152	河南大学				1				
153	哈尔滨学院				1				
154	西安交通大学					3			

续表

序号	学　校	特等奖	一等奖	二等奖	三等奖	优秀奖	最佳创意奖	最佳制作奖	优秀组织奖
155	安阳工学院					2			
156	青海大学					2			
157	成都理工大学					2			
158	西藏大学					1			1
159	西京学院					1			1
160	西南大学					1			
161	重庆大学（虎溪校区）					1			
162	辽宁工程技术大学					1			
163	西南石油大学					1			
164	南京理工大学					1			
165	金陵科技学院					1			
166	汕头大学					1			
167	唐山学院					1			
168	扬州大学					1			
169	沈阳大学					1			
170	长江大学					1			
171	桂林电子科技大学					1			
172	上海应用技术大学					1			
173	贵州大学					1			
174	武夷学院海峡成功学院					1			
175	佛山科学技术学院					1			
176	武夷学院					1			
177	桂林理工大学南宁分校					1			
178	安徽工业大学					1			
179	黄山学院					1			
180	吕梁学院					1			
181	贺州学院					1			
182	武汉华夏理工学院					1			
183	新疆农业大学					1			
184	浙江工业职业技术学院					1			
185	香港中文大学								1
186	香港理工大学								1

第 8 讲　国内外竞赛介绍

微信扫二维码
看本讲彩图

本讲关注国内外具有代表性的与结构相关的竞赛，以扩大视野，包括美洲、欧洲、亚洲等地区竞赛，其材料多样、结构开放。

美国土木工程竞赛是由美国土木工程师协会创办的一项历史悠久的赛事。作为全美最高等级的土木工程大学生竞赛每次都会分区进行。比较著名的有钢桥比赛（Steel Bridge Competition）、混凝土轻舟大赛（Concrete Canoe Competition）和挡土墙墙比赛（GeoWall Competition）等。

8.1　美国钢结构桥梁竞赛（Steel Bridge Competition）

钢桥比赛内容包括小比例的钢桥模型的设计、制作和施工过程，通过比赛可以加强学生在结构设计、制作工程、施工方案制订、项目管理和团队协作的能力，比赛根据施工展示、施工速度、结构重量、结构刚度、施工成本和结构效率来进行评分（见图 8-1）。我国同济大学等高校多次参赛并取得佳绩（见图 8-2）。竞赛对参赛队员在美国规范知识的了解及英语交流上都有很高的要求。

图 8-1　美国钢结构桥梁竞赛现场（2015）

图 8-2　同济大学代表队在比赛现场（2014）

8.2　美国混凝土轻舟大赛（Concrete Canoe Competition）

混凝土轻舟大赛考察混凝土设计、制作以及项目管理的能力，最后的评分根据参赛团队的设计计算、阐述及赛舟结果来决定（见图 8-3）。

图 8-3　美国混凝土轻舟大赛现场（2013）

8.3　美国挡土墙比赛（GeoWall Competition）

挡土墙比赛是用最少的“钢筋”（用纸张代替钢筋）来承载土壤和设计荷载（见图 8-4、图 8-5）。

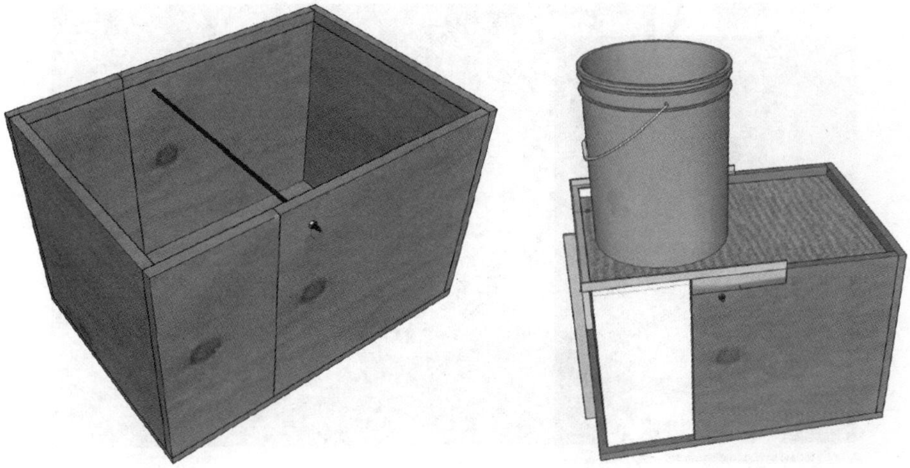

（a）沙箱空载　　　　　　　　（b）沙箱满载

图 8-4　挡土墙比赛的沙箱

图 8-5　美国挡土墙竞赛现场（2016）

8.4　美国混凝土协会 FRP（Precast/ Prestressed Concrete Institute）混凝土竞赛

竞赛由美国混凝土协会主办。2012 年的竞赛题目是对一个 6.1 m 长、试验跨度为 5.5 m 的钢筋混凝土大梁进行设计、分析、施工及试验的活动（见图 8-6）。竞赛评审标准包括：准确性、最小造价、最轻重量、极限荷载作用下的最大挠度、最准确的极限荷载、开裂荷载及跨中挠度的预测计算、报告的质量、实用性、创新性及对规范的遵循程度等。

图 8-6 美国混凝土协会 FRP 混凝土竞赛现场（2012）

8.5 美国国际冷弯钢结构设计竞赛（International Student Competition on Cold-Formed Steel Design）

国际冷弯钢结构竞赛的目的是为了提高学生的创造性去解决工程问题，鼓励任何专业不同阶段的学生参加学习，此竞赛是由美国国家自然基金会，美国钢铁协会以及美国冷弯钢结构师协会赞助（见图 8-7）。

Task

Design a cold-formed steel clip angle for maximum nominal shear strength per unit weight (V_n/W) with high fabrication feasibility.

Requirements

The clip angle shall meet the following criteria:

(1) Overall dimensions of the cantilevered leg 5.25 in. × 2.5 in. (133.35 mm × 63.50 mm).

(2) Overall dimensions of the anchored leg 5.25 in. × 1.5 in. (133.35 mm × 38.10 mm).

(3) Material thickness 0.045 1 in. (1.145 54 mm).

(4) Steel properties: elastic modulus 29.5 ksi (203.4 MPa), Poisson's ratio 0.3, density 0.284 lb/in^3.

(5) Material yield stress 33 ksi (227.5 MPa), tensile strength 45 ksi (310.3 MPa).

(6) Assume the anchored leg is fixed and a shear force is applied to the edge of the cantilevered leg.

(7) Sharp corner at the bend can be assumed.

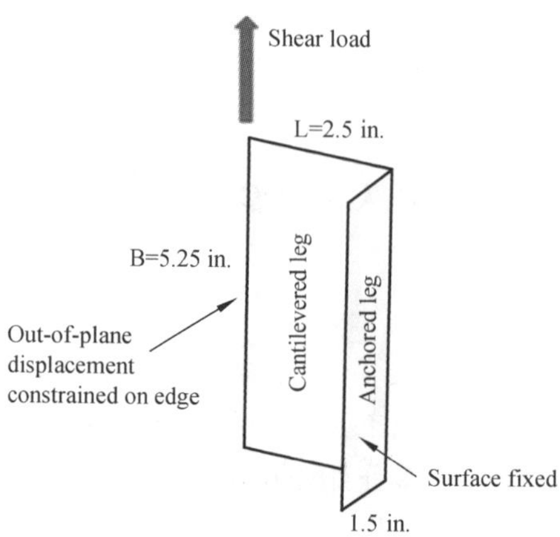

图 8-7 美国冷弯钢结构竞赛试题节选（2015）

8.6　美国抗震设计竞赛抗震设计大赛（Seismic Design Competition，SDC）

美国抗震设计竞赛（Seismic Design Competition，SDC）是由美国地震工程研究所（Earthquake Engineering Research Institute，EERI）组织举办，比赛考量学生的综合能力，包括演讲、设计思路、海报、建筑美感、模型制作与计算能力（见图 8-8）。

图 8-8　美国抗震设计竞赛现场（2015）

8.7　冰拱赛（ICE ARCH Competition）

美国土木工程师协会（ASCE）每年在阿拉斯加地区的 University of Alaska Fairbanks 举办一次 ICE ARCH 的冰拱竞赛。竞赛要求用冰构建一座冰拱结构，这项传统赛事是该地区学生非常热爱的一项活动。早期的比赛允许采用钢材制作拱支座，再浇水冻成冰拱的做法，此时钢支座可以是结构的一部分。而现在的比赛要求采用冰砖砌筑冰拱，相对而言难度更大，学生必须建造底部的木支撑结构直到冰拱完全建成后拆除（见图 8-9）。但此赛事不要求进行加载试验。

图 8-9　美国冰拱比赛现场（2013）

8.8 国际超轻复合材料竞赛（The Society for the Advancement of Material and Process Engineering，SAMPE）

该竞赛综合考核同学们的复合材料结构设计与制造能力，如制作碳纤维矩形梁、碳纤维工字梁、玻璃纤维矩形梁、玻璃纤维工字梁、天然纤维矩形梁、天然纤维工字梁和开放性设计桥梁等。我国同济大学、哈尔滨工程大学等多次参赛并取得好成绩（见图 8-10）。

图 8-10 同济大学在比赛现场（2012）

8.9 美国太阳能十项全能竞赛（Solar Decathlon Competition，SDC）

“太阳能十项全能竞赛”是面对全球高校的住宅建筑与可再生能源科技竞赛，被称为绿色建筑奥运会，由美国能源部于 2001 年发起，两年一届，旨在探索面向 21 世纪的太阳能建筑，推动建筑、节能与新技术的结合。该项竞赛要求所参赛的大学设计并实际建造一座以太阳能为唯一能量来源的住宅，在竞赛期间，该住宅的所有运行能量完全由太阳能光电、光热提供。来自美国、加拿大、欧洲与南美等国家的大学是主要参赛成员。2002 年，14 个来自美国各高校的设计小组在华盛顿国家展览馆（National Mall）搭建起自己的方案形成“太阳村”（solar village）。SDC 竞赛可以分为竞赛申请、设计与实验报告提交、模型提交、施工图提交、现场安装比赛和拆卸阶段，整个竞赛过程历时两年（见图 8-11）。我国华南理工大学等高校多次参赛并获得佳绩。

图 8-11　美国太阳能十项全能竞赛现场（2009）

8.10　英国 MPA 混凝土结构竞赛

英国 MPA 混凝土结构竞赛是由 The Concrete Centre 和 Laing O’ Rourke 共同举办的竞赛活动。The Concrete Centre 是英国水泥和混凝土工业中核心发展组织，其主要目的是为了协助所有包括设计和建造的工程师去认识所有混凝土作为可持续发展的建筑材料的可能性。Laing O’Rourke 是一个全球性质工程企业。英国 MPA 混凝土结构竞赛的主要目的是为了激发学生对于混凝土设计的兴趣，本竞赛主要针对英国大学的土木工程的学生和结构工程的学生，对于学生来说最大的好处就是可以在一些专业人士或者用人单位的领导面前去阐述自己的设计思路和想法（见图 8-12）。

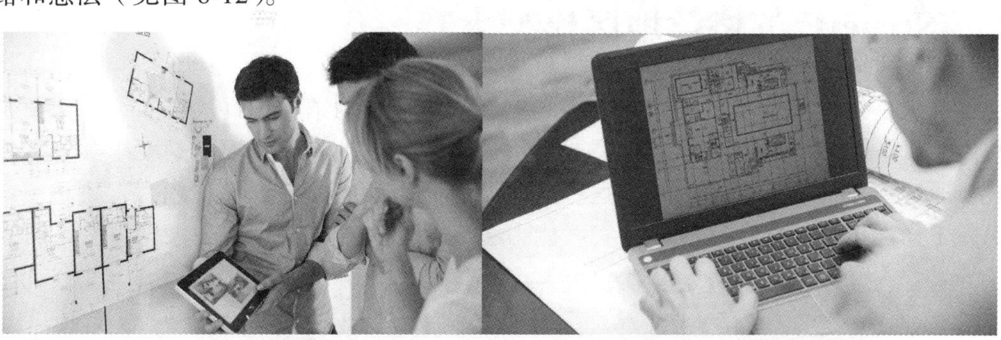

图 8-12　英国 MPA 混凝土结构竞赛现场

8.11　英国 TATA Steel 设计竞赛

英国 TATA 钢结构设计大赛是由英国 TATA Steel 和 BCSA 共同组织的盛事，一般适合于本科学生参与，主要目的是为了帮助鼓励提高工程师的钢结构设计技巧以及计算方式，一般考验学生对结构的整体性、经济性以及其他方面的综合性，每年的测试题目都非常有趣和新颖（见图 8-13）。

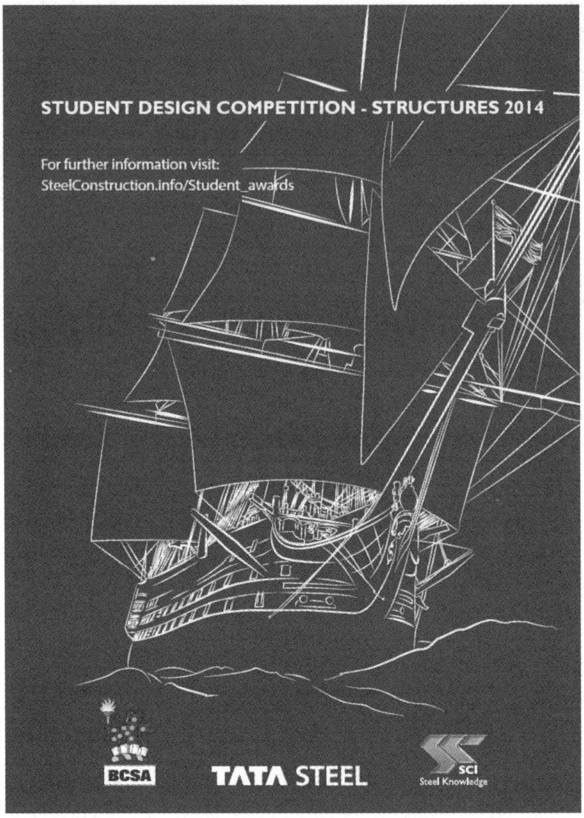

图 8-13　英国 TATA Steel 设计竞赛海报（2014）

8.12　IStructE 苏格兰地区模型大赛

这项赛事是由苏格兰每个大学派出两到三个队伍参加的结构设计大赛。大赛主要考察学生的整体分析、阐述的能力，不仅仅需要手头计算能力过硬，更重要的是要求参赛者能将优秀的设计通过语言、模型表达出来。这些竞赛不仅锻炼学生的计算设计能力，更重要的是在将来走向工作岗位的时候，这些叙述实践能力会成为适应工作环境的一大助力（见图 8-14）。

图 8-14　IStructE 苏格兰地区学生模型大赛冠军—格拉斯哥卡尼多利亚大学（2015）

8.13 英国“设”想家抗震建筑设计挑战赛

英国“设”想家抗震建筑设计挑战赛是由英国驻华使馆文化教育处主办的一项以土木工程类学生抗震结构设计及测试为主要内容的国际赛事（见图 8-15）。比赛要求参赛团队充分展示其创意思维、交流沟通和解决复杂问题的核心技能以及团队合作精神，通过将其设计方案向专家评审团进行正式演示，并在现场搭建设计的建筑模型，经过“模拟地震振动台”测试来完成比赛。“模拟地震振动台”能够模拟地震发生时的情形，因此能够确认哪幢参赛建筑模型最能行之有效地“抗震”，这是一项体现土木工程抗震结构设计、抗震知识应用及团队合作等各方面综合能力考查的一项国际赛事。2010 年，我国西南交通大学曾在该项赛事中取得中国区冠军。

图 8-15 英国“设”想家抗震建筑设计挑战赛现场（2010）

8.14 意粉结构比赛

意粉结构比赛起源于匈牙利的 Ybl Miklós College。比赛所用的材料是普通的食用意粉，由小麦粉和鸡蛋制成（见图 8-16）。此项赛事在全球也得到了较广泛的发展。

图 8-16 意粉结构模型（陈庆军博士提供）

8.15 马来西亚和新加坡的超越结构竞赛

Beyond structures 是结构工程师协会面向马来西亚和新加坡大学本科学生的竞赛，特别适合最后一年完成了结构设计的学生，原则上每个学校只有一个队伍参加，每个队伍最多 8 名本科学生（见图 8-17）。竞赛主要是考查学生是否能够使用参赛组委会提供的仅有的部分材料完成要求设计。在规定时间内完成的模型会被测试，同时也需要学生进行设计理念的阐述演讲，考察学生的综合素质。

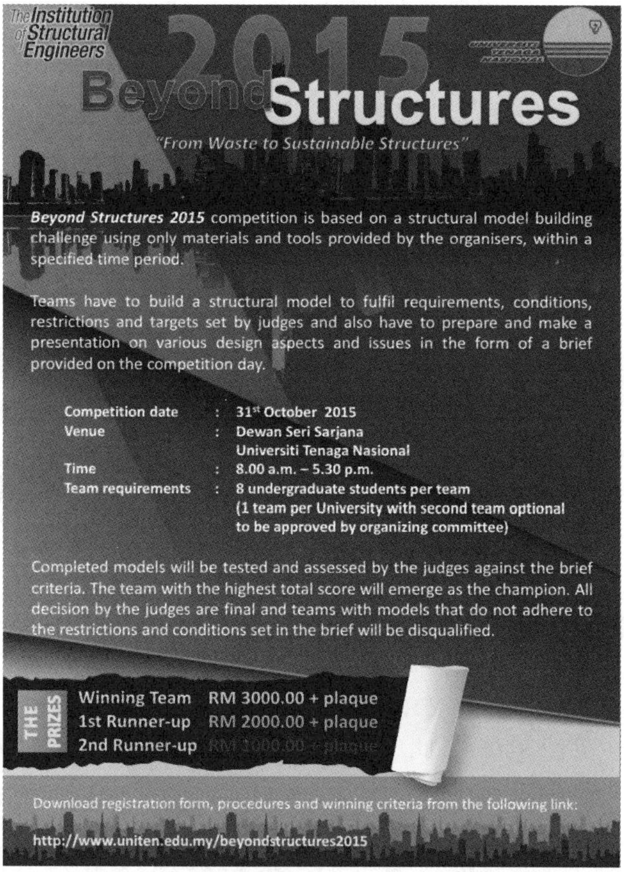

图 8-17 超越结构竞赛的海报（2015）

8.16 印度 INSDAG 结构竞赛

这项竞赛是由一个印度政府设立的非营利性组织——印度钢材开发与发展协会 INSDAG 组织的一项活动。该比赛面向全印度学生，旨在开发学生创意和设计技能。赛题面向实际的工程。如 2010 年的赛题要求设计一座在加尔各答的跨度大于 30 m 的步行桥，要求桥底净空大于 7.5 m、上部空间内的行人通道大于 2.5 m 等（见图 8-18）。需要学生提交总体布置与平立剖结构图、梁、柱、支撑、围护详图及计算书，计算书允许采用软件计算结果，但会给手算更多的权重。

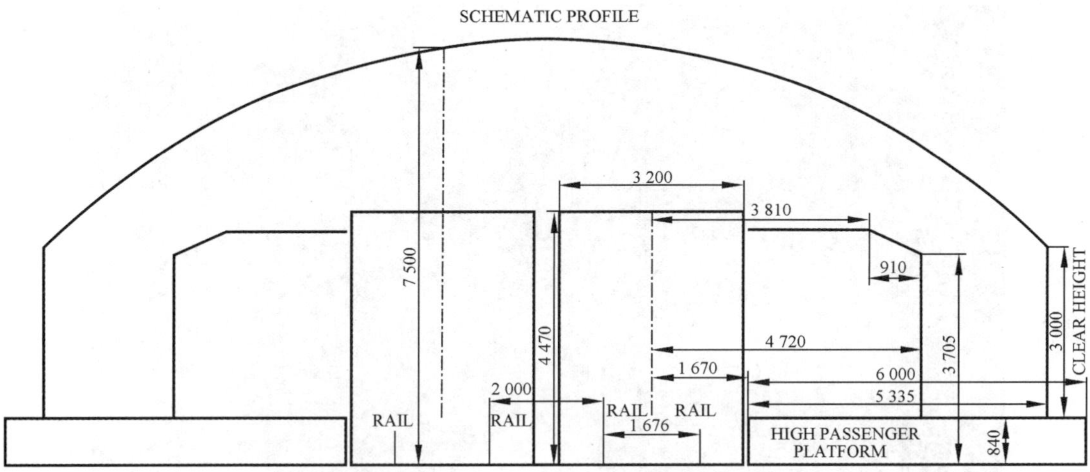

图 8-18　印度 INSDAG 结构竞赛赛题配图（2010）

8.17　IDEERS 竞赛（Introducing and Demonstrating Earthquake Engineering Research in Schools）

该竞赛是由中国台湾地区实验研究院、地震工程研究中心及英国文化协会联合主办的一项结构抗震领域的高水平国际赛事，旨在鼓励青年学生参与抗震工程和设计，促进高校之间的国际化交流，提升年轻一代的国际视野和专业能力（见图 8-19、图 8-20）。IDEERS 自 2001 年起，每年在台北市举行。

图 8-19　IDEERS 竞赛加载现场（2012）

图 8-20　IDEERS 竞赛加载现场（2012）

8.18　亚洲地区结构设计邀请赛

亚洲地区校际结构设计邀请赛由清华大学于 2000 年发起，每两年举办一届。竞赛旨在提高土木工程专业学生素质，拓宽学生视野，加强国际工科院校大学生之间的交流，促进不同国家和地区工科学生专业技术水平的提高（见图 8-21）。我国上海交通大学在 2014 年莫纳什大学举行的第八届比赛中获得冠军。

图 8-21　亚洲地区结构设计邀请赛现场（2014）

8.19　华东地区高校结构设计邀请赛

华东地区结构设计邀请赛由同济大学发起，旨在加强华东地区各高校学生之间的交流与合作，培养大学生的实际分析和动手实践能力，提高大学生的综合素质。自 2003 年至今，华东地区高校结构设计邀请赛已成功举办 10 余年。竞赛主要由江苏、安徽、浙江、福建、山东、江西、上海的高校参赛。

8.20　中南地区大学生结构设计竞赛

竞赛主要由广东、广西、湖北、湖南、河南、江西、福建的高校参赛。

8.21　东北四省区大学生结构设计竞赛

竞赛主要由辽宁、吉林、黑龙江、内蒙古自治区的高校参赛。

8.22　西北地区大学生结构设计邀请赛

竞赛主要由陕西、新疆、宁夏、青海、甘肃的高校参赛。

参考文献

[1] 林同炎，S D 斯多台斯伯利. 结构概念和体系[M]. 高立人，方鄂华，钱稼茹，译. 北京：中国建筑工业出版社，1999.

[2] 戴维 P 比林顿. 塔和桥：结构工程的新艺术[M]. 北京：科学普及出版社，1991.

[3] 金伟良. 第一届全国大学生结构设计竞赛作品选编[M]. 杭州：浙江大学出版社，2005.

[4] 顾祥林. “金风杯”第二届全国大学生结构设计竞赛作品集锦[M]. 上海：同济大学出版社，2010.

[5] 范峰. 第四届全国大学生结构设计竞赛作品集锦[M]. 哈尔滨：哈尔滨工业大学出版社，2011.

[6] 吴刚，张继文. 第五届全国大学生结构设计竞赛作品集锦[M]. 南京：东南大学出版社，2012.

[7] 张川，奉飞. “中建杯”第六届全国大学生结构设计竞赛作品集锦[M]. 重庆：重庆大学出版社，2014.